KOMEKO

米子さんより

ごあいさつ

はじめまして
米子（こめこ）と申します
よく「よねこ」や「よなご」と呼ばれますが「こめこ」です

米子さん（こめこさん）
2013年10月頃生まれ（♀）
湘南で保護され
保護猫カフェで
働いているところを
今の飼い主に
一目惚れされる
せっかくカラーのページを頂いたのに
白黒柄ですみません
せめて背景をカラーにしてもらいました

怖がりなのでこちらから失礼します
隠れていると安心します
性格・・・・・・・・ビビり
好きなもの・・・猫草
嫌いなもの・・・爪切り
病院
おじさん

作者より

登場人物（猫）紹介

はじめまして浜村ごはんと申します
猫を飼うのは初めてです！
惚れっぽい性格で一目惚れしては失敗する人生でしたが
ガッツポーズ！
米子さんだけは大成功です！
そしてこの巨人が同居人
タテヨコに大きいので米子さんには怖がられています
KOMEKO LOVE
なんとか好かれようと奮闘中ですが
娘との会話は難しいですね…

麦男（むぎお）
姉弟で保護され
米子、麦男と
名付けてもらった
新しい家で
「レオ」に改名
米子の弟です
柄は違いますが
仕草がそっくりと
言われます
人と猫と
ご飯が大好きな
甘えん坊
ご飯
まだですか？
レオ君の飼い主は飲み友達
猫歴30年超の大ベテラン母娘
最後は
保護猫カフェの先駆者
「猫茶家」店主
困った時に
頼りになる
猫博士
重いよ…

猫の本をたくさん読んで飼い始めましたが
本の通りにはいきませんね
KOMEKO LOVE
初めは自分のせいで懐かないのではと毎日泣いていました
僕なんていまだに懐かれていませんよ
KOMEKO LOVE
それではビビりの米子さんとの物語始まります！
お楽しみください！
あっ！また隠れた！
KOMEKO LOVE

もくじ

米子さんの体の秘密 その①

しっぽ
長くてまっすぐ
弟・レオ君は先端が大きいこん棒型
プリ
プリ
内股でお尻をプリプリ揺らしながらセクシーに歩く
肉球
ピンクと茶色の2色

第1章

The 1st year

何も分からず泣いてばかりの1年目

一目惚れ

猫カフェという所に初めて行ってみました。保護猫型の猫カフェです
necochaya
お邪魔しまーす
うわー猫がいっぱい！
隅にぽつんとお行儀良く座っている猫がいました
バキューン
お嬢さんを私にください
ハハハ…
幸せにします！
一目惚れです

猫砂

初めて猫砂を買いました
猫を飼っているんですか？って聞かれたらどうしよう！
ピッ
猫砂
ドキドキ
信号待ち
ムフフ
誰かに猫飼っているんですか？って聞かれたらどうしよう！
I ♡ CAT
猫砂→
しょんぼりー
誰も聞いてくれない…
明日うちに猫が来るんです！うれしい〜!!
だれか聞いてーー♡
I ♡ CAT

名前

それでこの子の新しい名前は決まりましたか？
捕獲してくれた方
米子さんを自宅まで連れてきてくれました
このまま「こめこ」にします
また名前を変えるのも可哀想だし
素敵な名前で気に入っています
えっ？米子のまま⁉
一生使う名前ですよ！
ちゃんと考えた方がいいですよ！
バンッ
私のネーミングセンス悪いっていつも言われるんですよ！
え〜っ
名付け親ですよね…

米子さんがいらした当日…

我が家のマンションの
エレベーターを降りたとたん
譲渡元の方にきっぱりと言われました
脱走されないように
気をつけます！

ここから落ちたら死ぬわねね
そうね

初日

今日から楽しい猫ライフ♡
嬉しいな♪
バン
おっはよー米子さん!
し〜ん
あれ…?
あっこんな所にい…
あれ…? 私の楽しい猫ライフ…
シャー
シャー!?
←この奥

こんなはずじゃ

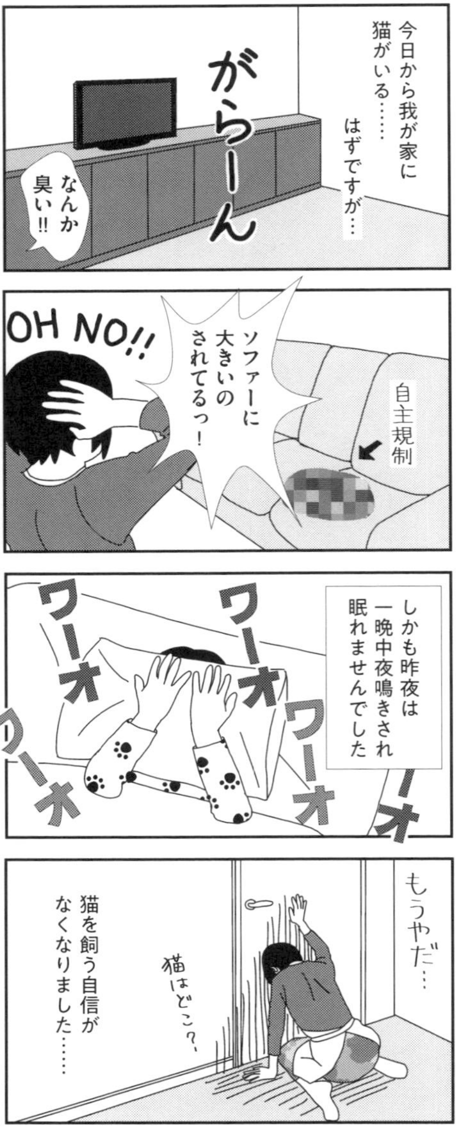
今日から我が家に猫がいる……
はずですが…
がら〜ん
なんか臭い!!
OH NO!!
ソファーに大きいのされてるっ!
自主規制
しかも昨夜は一晩中夜鳴きされ眠れませんでした
ワーオ
ワーオ
ワーオ
ワーオ
ワーオ
もうやだ…
猫はどこ?
猫を飼う自信がなくなりました……

家中ブルーシートです

ブルーシート

※出てこられないワケではありません

米子さんはソファーの下に隠れたままです
どうやって入ったの？
10cmくらいの隙間
トイレは夜中にソファーの上にしちゃいます
臭いが取れない…
いろんな消臭グッズ
もうアレを使うしかないか…
ブルーシート
只今ブルーシート生活中です

張り込み

米子さんは相変わらず隠れたままなので心配です
怖くないよー出ておいで
米子さんおやすみ！
パチ
夜中は出てきているようなので気配を消して出てくるのを待つ事にしました
心頭滅却
息を殺して待つこと30分…
フフフやっと出てきたわね
寝たんじゃないの!?

米子さんを我が家で初めて撮った写真。
深夜です。怖いっ!

捕獲
トイレと人間に慣れてもらうため
ケージの中で育てる事に
大きい…
まず米子さんをソファーの下から出して…と
重い…
早く出てー！
今度はこっち！
あっちに逃げた!!
あんな所に入った！
ヒー
捕まえました！
近くで見ると黒目が大きくてカワイイ!!
と思っていたら怖くて瞳孔が開いていただけでした…

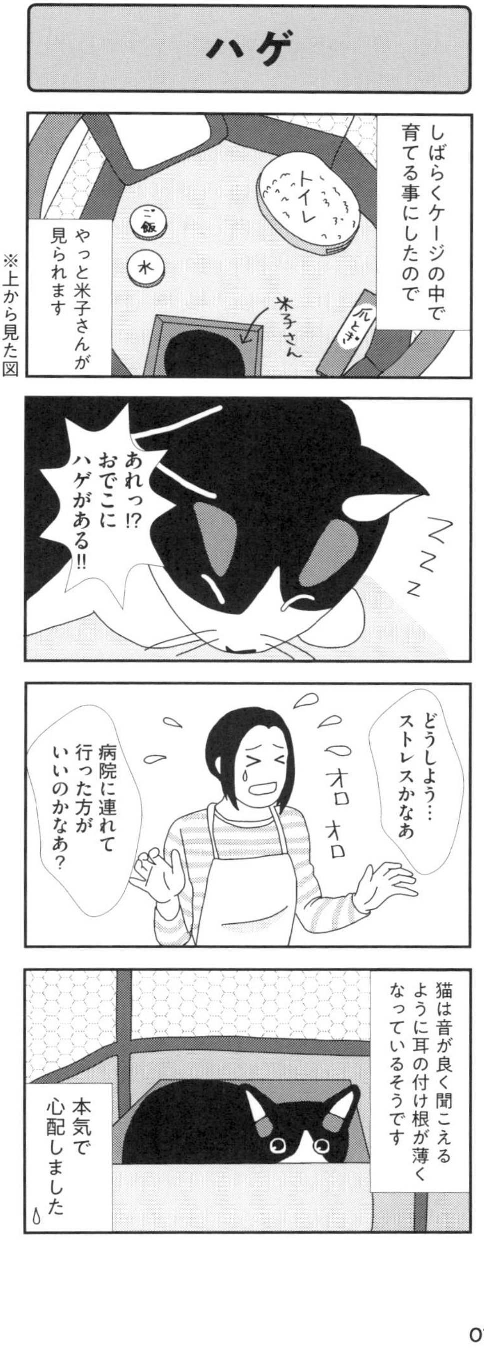
ハゲ
しばらくケージの中で育てる事にしたので
やっと米子さんが見られます
トイレ
ご飯
水
爪とぎ
米子さん
※上から見た図
あれっ!? おでこにハゲがある!!
どうしよう…ストレスかなぁ
病院に連れて行った方がいいのかなぁ?
オロ
オロ
猫は音が良く聞こえるように耳の付け根が薄くなっているそうです
本気で心配しました

真夜中のトイレ掃除

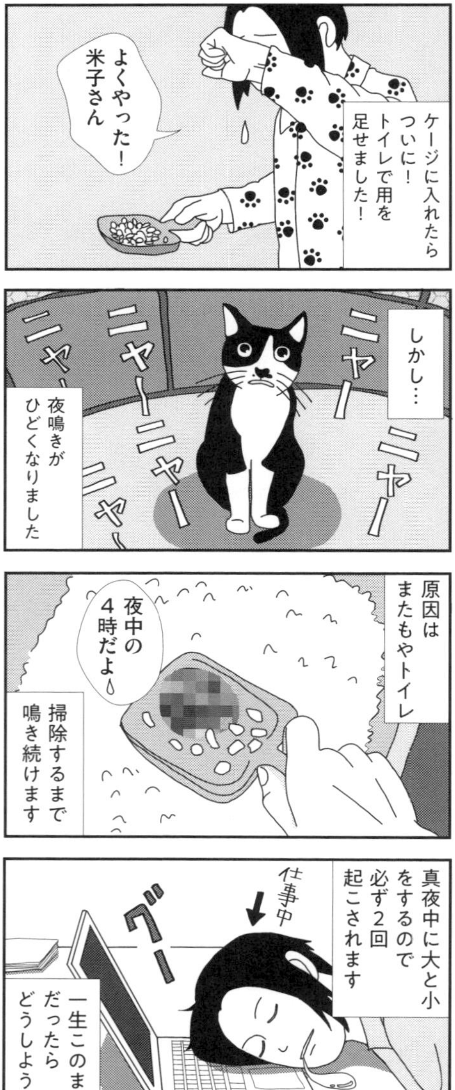
ケージに入れたらついに！トイレで用を足せました！
よくやった！米子さん
しかし…
ニャーニャー
ニャーニャーニャー
ニャー
夜鳴きがひどくなりました
※申し訳なさそうに鳴いている…ような
原因はまたもやトイレ
夜中の4時だよ
掃除するまで鳴き続けます
真夜中に大と小をするので必ず2回起こされます
仕事中
グー
一生このままだったらどうしよう…

あっ

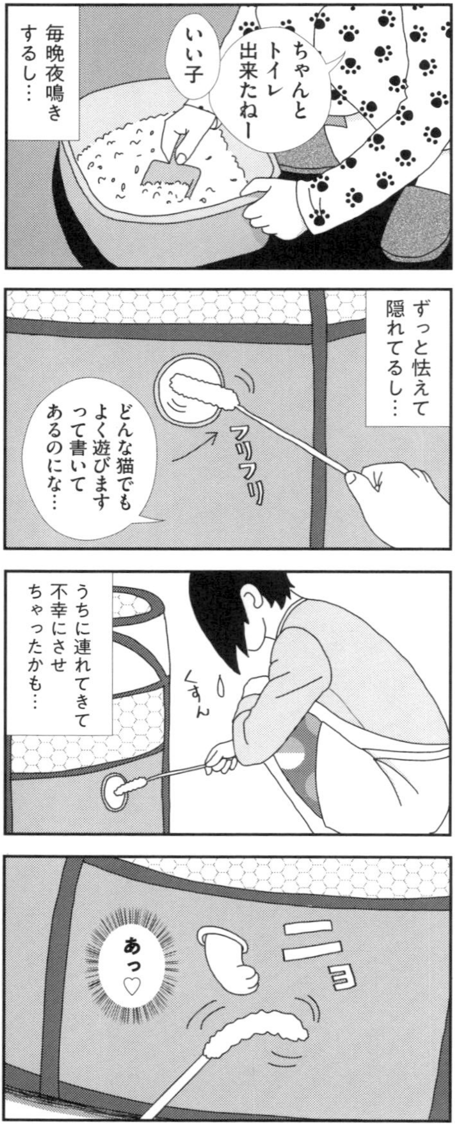
毎晩夜鳴きするし…
ちゃんとトイレ出来たねー
いい子
ずっと怯えて隠れてるし…
どんな猫でもよく遊びますって書いてあるのにな…
フリフリ
うちに連れてきて不幸にさせちゃったかも…
くすん
ニョ
あっ♡

半身

トイレも出来るようになってきたし
ケージの入り口を開放することにしました
米子さーん出ておいでー
あれ?、開いてる
もしかして隠れているつもりなの?
じーっ
丸見えです…

ケージの中は、結構広いです

あと一歩

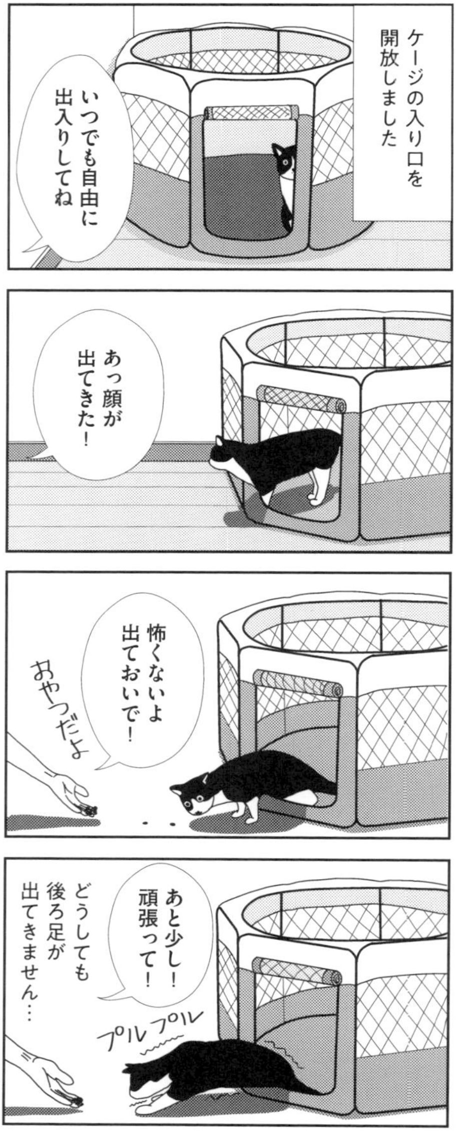
ケージの入り口を開放しました
いつでも自由に出入りしてね
あっ顔が出てきた！
怖くないよ出ておいで！
おやつだよ
あと少し！頑張って！
どうしても後ろ足が出てきません…
プルプル

解決

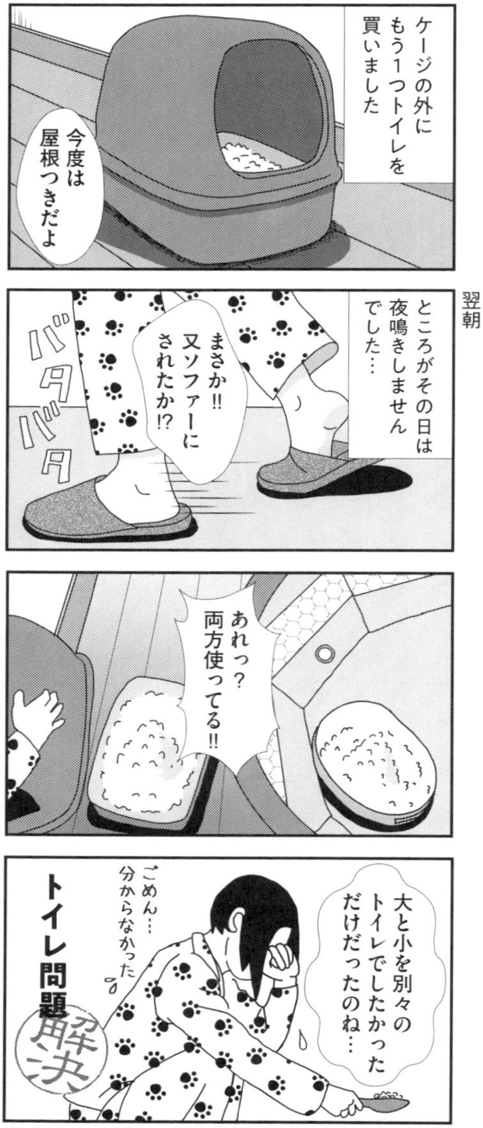
ケージの外にもう1つトイレを買いました
今度は屋根つきだよ
翌朝
ところがその日は夜鳴きしませんでした…
まさか!! 又ソファーにされたか!?
バタバタ
あれっ？両方使ってる!!
大と小を別々のトイレでしたかっただけだったのね…
ごめん…分からなかった
トイレ問題
解決

卒業

トイレ問題も解決したので
折り畳み式で軽いです
ケージを卒業する事にしました
でもなんだか寂しそうです…
私のおうち…
そういえば…
ケージの中で色んな事があったなあ…
しみじみ
いままでありがとう…

借りる時はどんより…
これで解決するかなぁ？
折り畳みケージ

返しに行く時はウキウキ♥
♪

行方不明

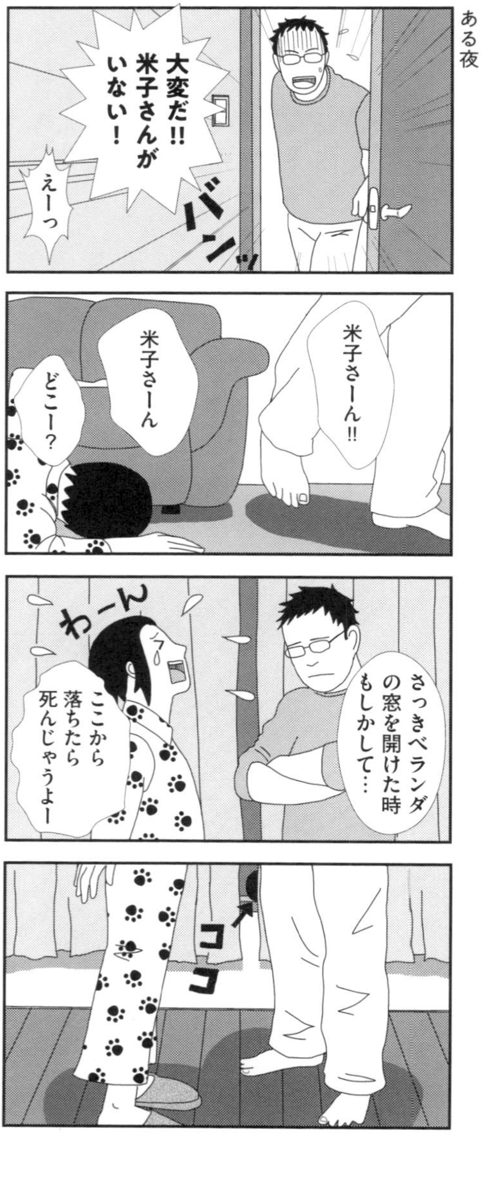
ある夜
大変だ!! 米子さんがいない!
バンッ
えーっ
米子さーん!!
米子さーん
どこー?
わーん
さっきベランダの窓を開けた時もしかして…
ここから落ちたら死んじゃうよー
ココ

ゴムの首輪

ゴムに鈴をつけて首輪を作りました
チリーン
そぉ〜っと
ゴムだから簡単に装着出来た!
次の日ゴムの首輪が猿ぐつわ状態になっていました
キャー
こういう事!?
カリカリ
怯えていたので捕獲して外すのが大変でした…

物件

大きな段ボールで
猫小屋を作る事
にしました
こちらの物件は
開閉式の
ルーフトップ
ですので
昼間は
日差しがたっぷり
降り注ぎます
お部屋の設《しつら》えは
お気に入りのベッドに
今治産のタオルを
爪とぎも
ご用意いたし
ました
どうやら
お気に召して
くれたようです

初めて香箱座りをしてくれました

神降臨

※濡れないようにビニールのズボン持参
猫アレルギーっぽい症状が出たので米子さんの譲渡元に相談したら
わざわざすみません
いえいえ
猫を洗うと症状が収まる場合があるので洗う指導に来てくれました
米ちゃん久しぶりねー
私も会いたかったわ
えーっいきなり抱っこ!!
大人しくしていい子ねー
和やか〜
いつも怯えて逃げ回ってるんですけど!!
猫が火傷しないように遠くからドライヤー
猫界の神ですか!?
何か後ろに光るものが……
私の元でお眠りなさい
ZZZ

こんなに小さくなるんだ!

ゴールデンウィーク

今日は米子さんに留守番を頼んで遊びに来ました
アメ横
久々の休みだー
遊ぶぞー！
あっパンダのポスト！
カフェオレもパンダだ！
うえのパンダ
…街中白黒だね
もう帰ろうか…
うん
ただいまー
一人で寂しくなかった？
えっもう帰ってきたの？今日は寛ごうと思ってたのに…
白黒を見たら無性に米子さんに会いたくなりました

GPS

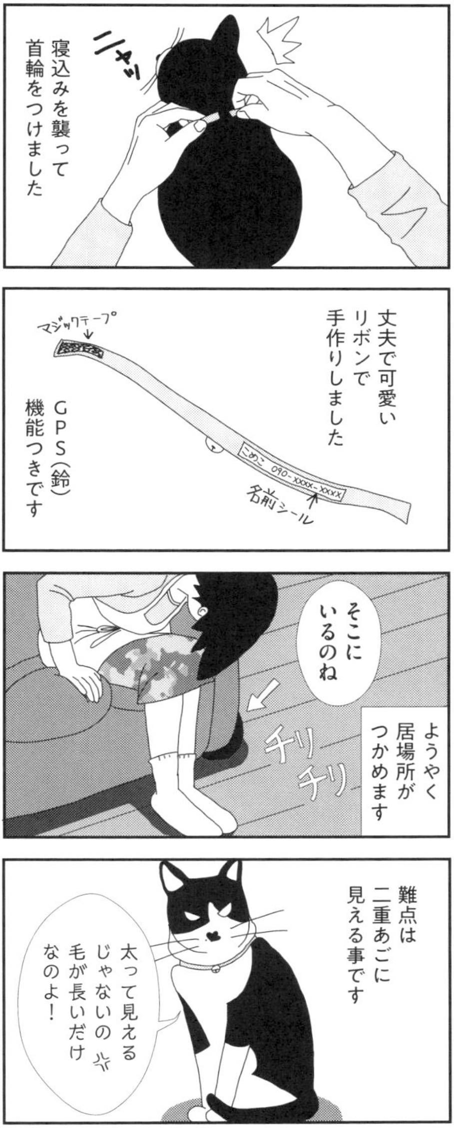
寝込みを襲って首輪をつけました
ニャッ
丈夫で可愛いリボンで手作りしました
GPS(鈴)機能つきです
マジックテープ
こめこ 090-XXXX-XXXX
名前シール
そこにいるのね
チリ
チリ
ようやく居場所がつかめます
難点は二重あごに見える事です
太って見えるじゃないの
毛が長いだけなのよ！

頭突き

隠れながらですが人間観察の頻度が多くなってきました
じーっ
少しずつ興味を持ってくれるようになってきたのでしょうか?
でもご飯の時間だけは寄ってきてうるさく騒ぎます
ミャーン
ゴン
ミャー
ニャー
ニャー
コレが欲しければ私に媚びて甘えるがよい!
フハハハハ
↑ゴハン
頭突きされました…
えっ!?
ゴンッ

「頭突き」とは甘えている行為だそうです

そういえば

怒られました…
ダメでしょ!米子さん
だって…
何であんな事で怒るんだろう…
もう絶対に口をきいてあげない
ただいまー遅くなってごめんね
おなかすきました
ニャー
ニャー
そうだ! 口をきいてあげないんだった!
ごはんは食べました
忘れてた…

桐箱のひげ入れ。選りすぐりの立派なひげを集めています。抜けた歯と爪の抜け殻も捨てられず取ってあります。

まゆ毛

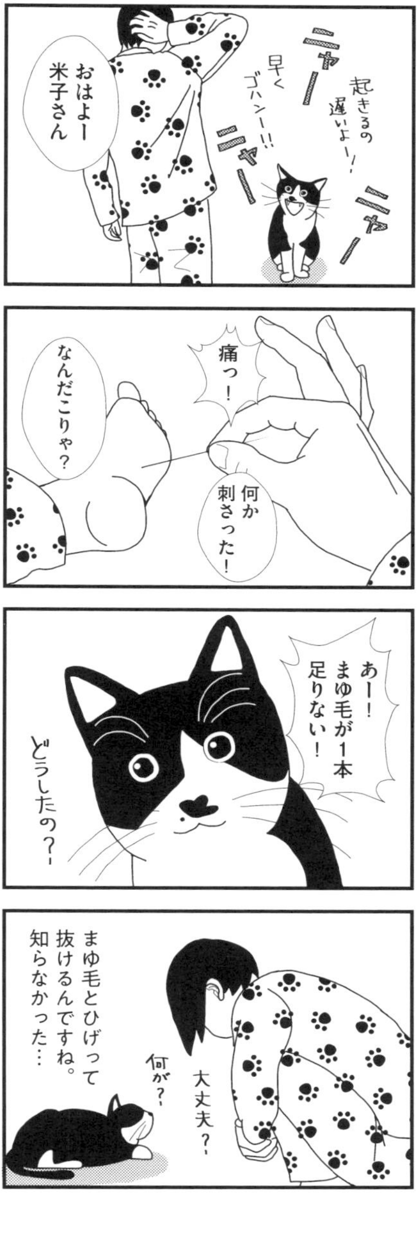
ニャー
起きるの遅いよー！
ニャー
早くゴハンーー!!
ニャー
おはよー米子さん
痛っ！
何か刺さった！
なんだこりゃ？
あー！まゆ毛が1本足りない！
どうしたの？ー
大丈夫？
何が？ー
まゆ毛とひげって抜けるんですね。知らなかった…

爪切り

最近半透明で
こんな形のものが
落ちています
なんだろう？
爪？
猫の爪は玉ねぎの皮
のように周りから
剥げていくそうです
バリバリ
知らなかったの？
爪とぎをすると
爪切りをしなくていいと
思っていました！
誤解でした。
捕まえられないのに
どうやって爪切りを
したらいいのかなあ？
私を
捕まえられる
かしら
うふふ

爪切りレッスン

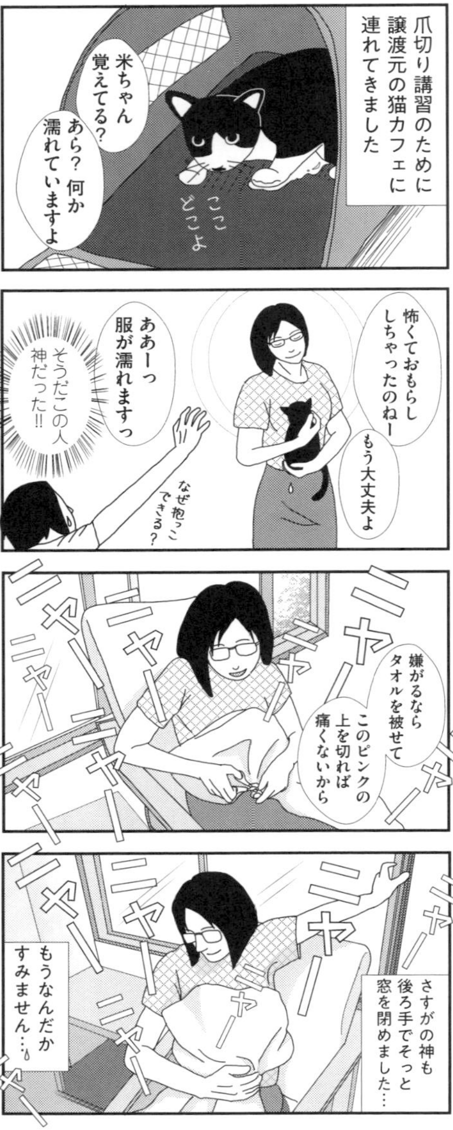
爪切り講習のために
譲渡元の猫カフェに
連れてきました
米ちゃん
覚えてる？
あら？ 何か
濡れていますよ
ここ
どこよ
怖くておもらし
しちゃったのねー
もう大丈夫よ
ああーっ
服が濡れますっ
そうだこの人
神だった!!
なぜ抱っこ
できる？
嫌がるなら
タオルを被せて
このピンクの
上を切れば
痛くないから
ニャー
シャー
さすがの神も
後ろ手でそっと
窓を閉めました…
もうなんだか
すみません…

P.22「神降臨」

家に帰って来て安心したのか、
倒れてそのまま寝ました。お疲れ様です…

やっと帰れる

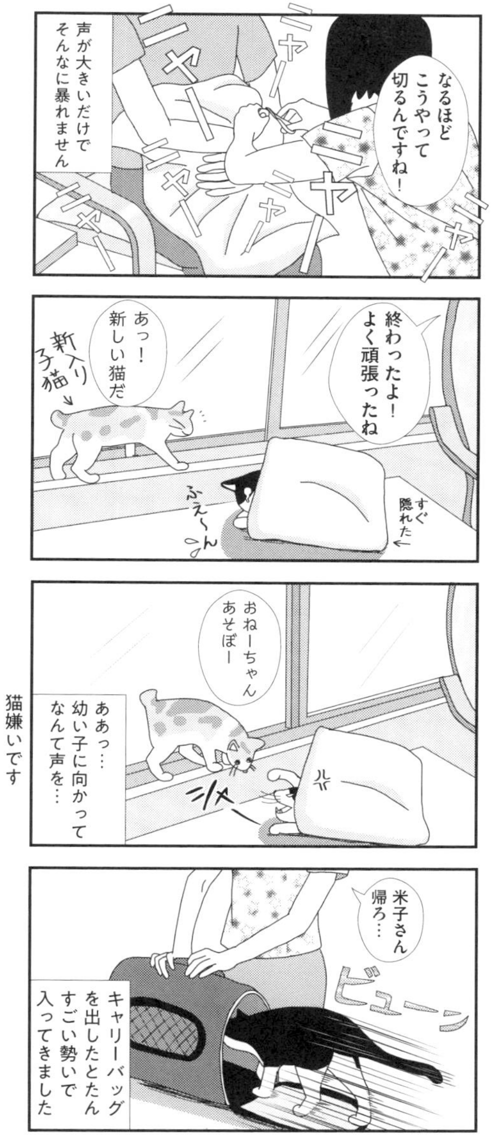
ニャー
ニャー
ニャー
ニャー
ニャー
ニャー
ニャー
なるほど
こうやって
切るんですね！
声が大きいだけで
そんなに暴れません
終わったよ！
よく頑張ったね
あっ！
新しい猫だ
新入り子猫
すぐ隠れた
ふえ〜ん
おねーちゃん
あそぼー
あぁっ…
幼い子に向かって
なんて声を…
猫嫌いです
米子さん
帰ろ…
ビューン
キャリーバッグを出したとたん
すごい勢いで
入ってきました

昼寝

米子さんはいつも昼寝をしています…
狭い所がスキ♡
猫は夜行性だから昼は寝てるのかなあ?
ZZZ
夜覗いてみると…
ジャーンプ!とか…
へへ…すごく遊んでたりして
寝てました…
ZZZ

地震

大きな地震が2回もありました
1度目は24時間ご飯も食べずずっと隠れていました
やっと出てきたー!!
もう大丈夫かしら?
2度目の地震の直前
どうしたの?突然ウロウロして
ウロウロ
グラッ
地震ー!!
ピューー
米子さんに予知能力があるかどうか興味がありますが…
ご飯だよー
怖くないから出てきてー
その前に引きこもりを治す方が先決のようです

弟

米子さんと共に捕獲された弟のレオ君の譲渡先が決まりました！
はじめましてレオです
姉とは柄が違うけど仕草がそっくりと言われます
新しい飼い主は猫歴30年のベテランさんです！
新しいおうちでは夜鳴きもせずトイレも失敗せず
でもねウチに来た日ここに大をしたの
えーっ！ここって猫入らないでしょ！
こうかな？
一体どうやって？
遊ぶのが大好きだけど物を壊さずとてもいい子だそうです
ボール大好き!!
でもやっぱり触らせてくれないそうです…
この姉弟捕獲前に一体何があったのでしょうか？
僕の事触らないでね！
ソファーの下

「ここ、姉ちゃんいないの?」

季節の変わり目には、目が腫れます…

風邪？

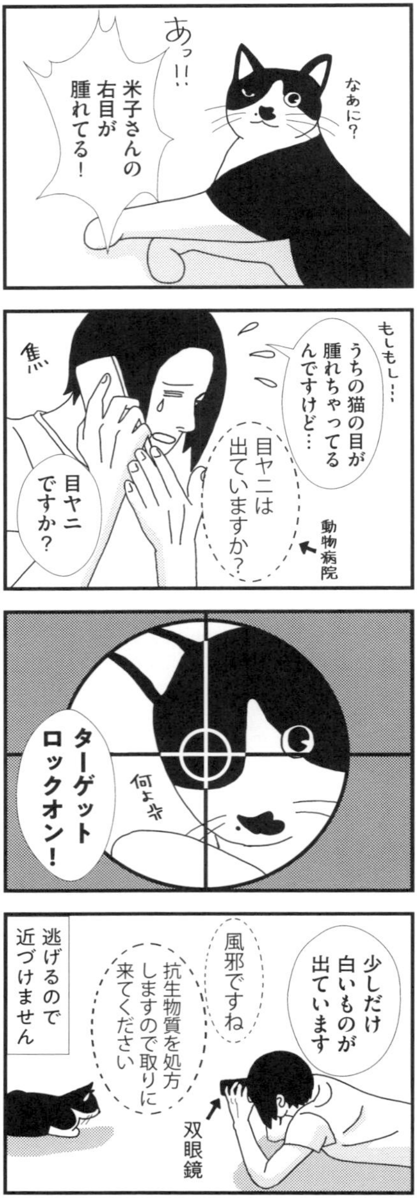
あっ!!
米子さんの右目が腫れてる！
なあに？
もしもし…
うちの猫の目が腫れちゃってるんですけど…
目ヤニは出ていますか？
動物病院
目ヤニですか？
焦
ターゲットロックオン！
何よ
少しだけ白いものが出ています
風邪ですね
抗生物質を処方しますので取りに来てください
逃げるので近づけません
双眼鏡

暑そう!

夏

いきなり気温が上がりました暑そうです…
あっ～～
大きくなるのよ
そういえば…米子さん達は
十月生まれらしいって聞いたな…
夏…いや全ての季節が初めてなんだ!
夏
春
冬
秋
初めての暑さなのね!
感動だわ
いいから…早くエアコンつけて
暑いです

しっぽほうき

2日ぶりに本棚の下から出てきました
あっ! 米子さんだ!!
お腹空きました
良かったー心配して…
ペロペロ
うっほこり…
真夏に大掃除するはめになるとは…
暑いよー
ねえ…
そのしっぽで手伝っていただけませんか?
奥まで届きそうだし…
ブンブン

お隠れ

米子さんの朝ご飯中
エアコンを入れようと思いドアを閉めました
ガチャ
ハッ
ドアを閉めたとたん
猛ダッシュで本棚の下に隠れました
威嚇の声だけがむなしく聞こえてきます
ご飯だよー
結局丸2日間ご飯も食べずにお隠れになりました
米子さまーおねげえですから出てきてくだせいましー
お供えっぽい↓
〜ウ

出ぬのなら
出るまで待とう
米子さん

かくれんぼ

ここもいない…
新しい隠れ場所を見つけたようでどこを探しても見つかりません
しかも米子さんを探している間にご飯が跡形もなく無くなっていました！
超常現象⁉
いつの間に…
ここに置いても
ここに隠しても
すぐに消えてしまいます
ここは難しいわよ
ふふふ
隠れているのを楽しむ事にしました

お泊り1

※ペットホテルの資格取得済み

米子さんを一泊譲渡元の猫カフェで預かって貰いました
米ちゃん久しぶりね
せっかく少し慣れてきたのに…
ツーン
私を預けるなんて信じられないわ
又しばらく口をきいてくれなくなるんだろうな
ところが帰ってくると…
あっ！いつもの所だわ
いきなり懐いてくれました！
えっ？触っていいの？
ゴロゴロ
もう大変だったのよ

お泊り2

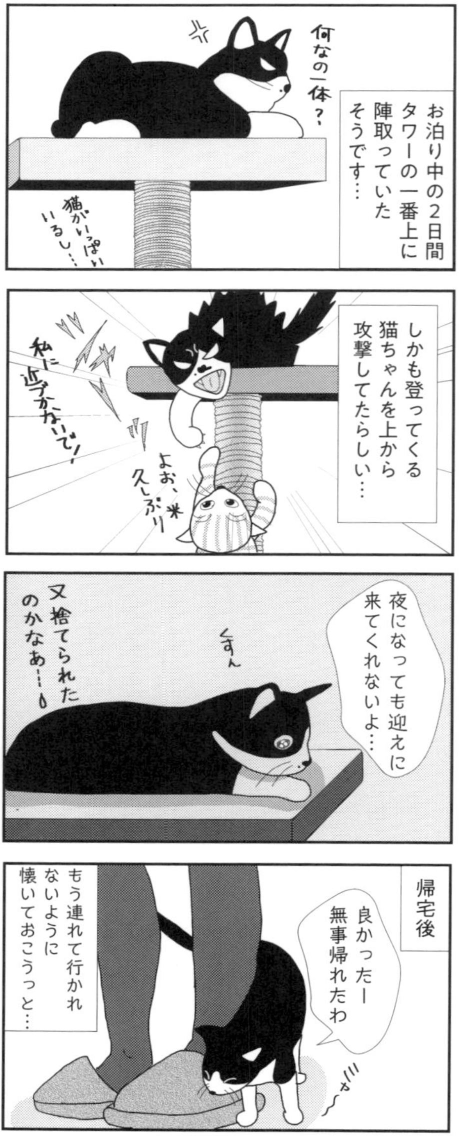
お泊り中の2日間タワーの一番上に陣取っていたそうです…
何なの一体？
猫がいっぱいいるし…
しかも登ってくる猫ちゃんを上から攻撃してたらしい…
私に近づかないで！
よお、米久しぶり
夜になっても迎えに来てくれないよ…
くすん
又捨てられたのかなあ…
帰宅後
良かったー無事帰れたわ
ニャ〜
もう連れて行かれないように懐いておこうっと…

COLUMN

猫のお留守番について

米子さんは猫と人が苦手なので、昼間のお留守番は得意です。P.34「お泊り」の時は、泊りのお留守番対策をしていなかったので預かってもらいましたが、一泊程度なら、他の犬や猫がいるペットホテルよりも自宅でのお留守番の方がストレスが少ないだろうと考えています。そのため、普段から自動給餌器を使い、タイマーや蓋の開く音に慣れさせるようにしています。停電になっても動くように給餌器は電池タイプ（要電池チェック！）。お水は複数置いてあるのでこぼしても大丈夫です。

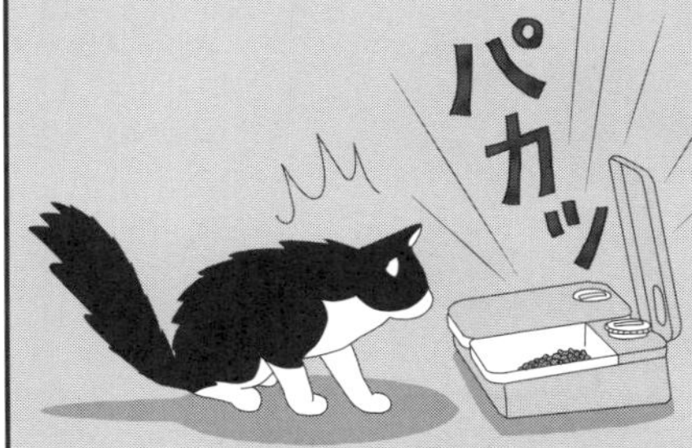
パカッ

かつお節

米子さんって
テーブルの上に
乗らなくて
本当に
いい子だね
ふぁ〜
おやすみ〜
パチ
次の朝
あっ！
テーブルの上の
かつお節の袋が
破れてる！
猫って本当に
かつお節が
好きなんだ
かつおぶし

それ以来テーブルの上には乗っていません

おやつ

おやつを あげようとすると…
キョロ キョロ
周りに危険がないか 確認します
罠じゃない わね
それから 気を落ち着かせるために 舐め始めます
ペロ ペロ
落ち着かなきゃ
罠かも しれないから
そして それをくわえて…
首が 伸びます
ビョーン
ここなら 安心だわ
お行儀よく 座ります
大変ね…
部屋の隅まで 持って行って ようやく食べます
カリポリ
タタタッ

コロコロ

米子さんはコロコロ されるのが大好きです
グルグル
大胆にもこんなポーズまで とってくれます
お腹も やって～♥
ここで図に乗って 手で撫でようとすると
ハッ
逃げられます…
待って～
危なかったわ

だまし合い

深夜米子さんの寝ている部屋に来てみたら…
え〜っどうしたの?!
来てくれてうれしいわ
スリ
スリ
突然懐いてくれました!
同居人
うしし
こんな素敵な事内緒にしておきます
みんなもう寝たかな?
知ってました…
ビーっ

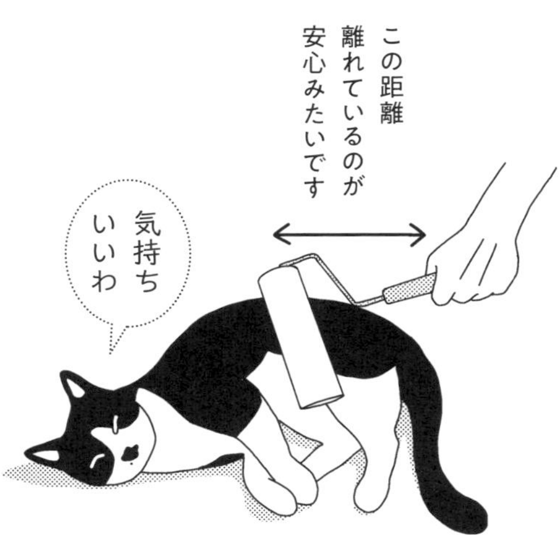
この距離離れているのが安心みたいです
気持ちいいわ

米子さんの体の秘密 その②

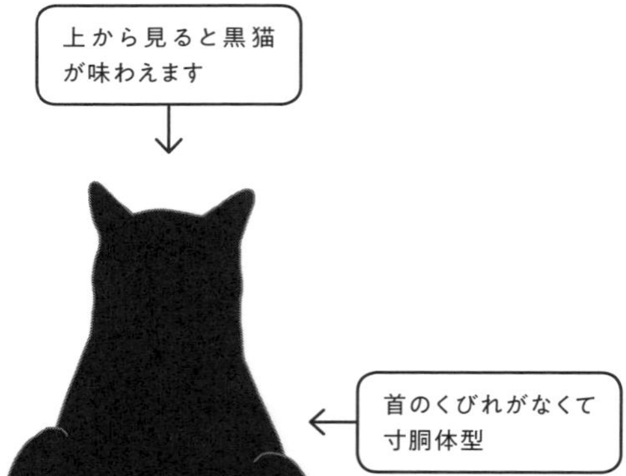
上から見ると黒猫
が味わえます
首のくびれがなくて
寸胴体型

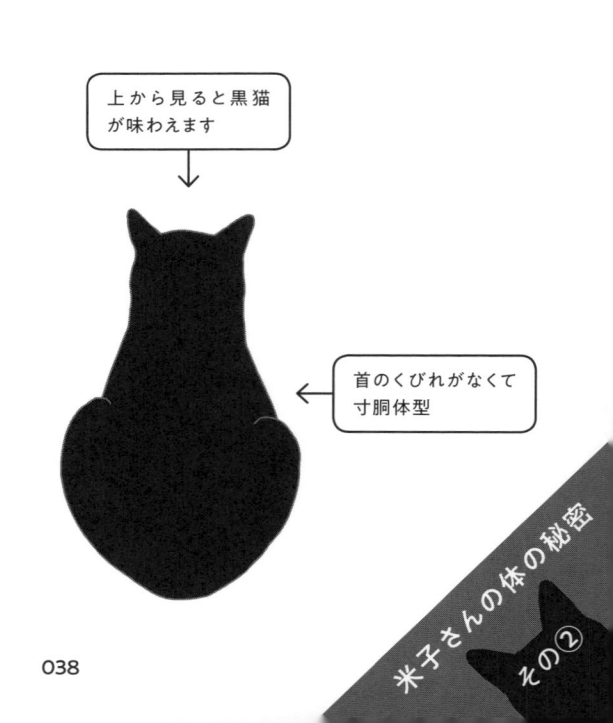

第2章

The 2nd year

少しずつ心が通じてきた2年目

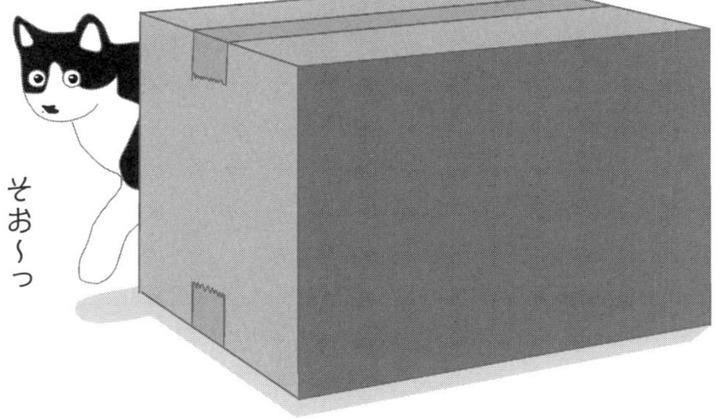

質問されました

Q 名前の由来は？

姉弟で保護された時につけてもらった名前のままです
弟（現レオ君）
麦男（むぎお）♂
米子（こめこ）♀

米と麦、と呼ばれていました

Q 普段何と呼ばれていますか？

米子さん ここにいたでしゅか～？
なぜ赤ちゃん語!?
キモッ

「米子さん」のままです

Q 一緒に出かけたい場所は？

お世話係（飼い主）
人ごみは嫌いだからお出かけは嫌ですわ
お世話係もどこにも行かないでね
かしこまりました

人と猫が苦手です

Q 特技は？

正確な時間が分かりますの
あのーそろそろご飯の時間です
わくわく
口のまわりが膨らみます

時計が読めるのでは？

過去

米子さん（レオ君）の弟とは飲み友達です
かんぱーい
猫歴30年

レオ君は米子さんと一緒に保護されました
レオです
でも未だにあまり甘えてくれないそうです
柄は違うけど姉とそっくりと言われます

もしかしたら2匹は寒さに震え人に怯えた野良時代を過ごし甘え方を知らないのでは…
ねえちゃーん 腹へったよぉ
ヒュ～ ヒュ～
我慢するのよ
寒いよぉ

※想像です

米子さん どうかうちで幸せな猫生を送ってください…
触らないでね

捕獲の時

姉ちゃんお腹が空いたよ～
プ～ン
あっ唐揚げの匂い！
ガシャン
あっこら！待ちなさい!!
オロオロ
ああ…どうしたらいいのかしら
ねえちゃ～んたすけて～
弟のそばから離れなかったので簡単に捕獲出来たそうです
?!
ねえちゃ～ん
よいしょ

猫嫌いのワケ

姉弟で捕獲された後は米子さんは弟を守ろうと必死だったそうです
姉ちゃん大好き
弟は私が守ります！
私達に近寄らないで！
ハッ
わーい！
危ないから姉ちゃんの後ろにいなさ…
わーい
危ないって言ってるでしょ！
フリフリ
姉ちゃん遊ぼ！
そして猫が嫌いになったそうです
もう知らない
無駄に頑張りすぎちゃったのね

そとねこ

あら？
可愛い
猫さんね
だれ？
外で猫に
会いました
素敵な
首輪ね
とても良く
似合ってるわよ
クン
クン
そう？
足も白くて
なんて
美しいの！
「猫を見たら
褒め称える」
という下僕根性が
染みついています
この程度で
お腹を見せて
くれるの!?
ゴローン
お腹
なでて
いいよ〜
米子さんも
このくらい
簡単だったらなあ

おもちゃ

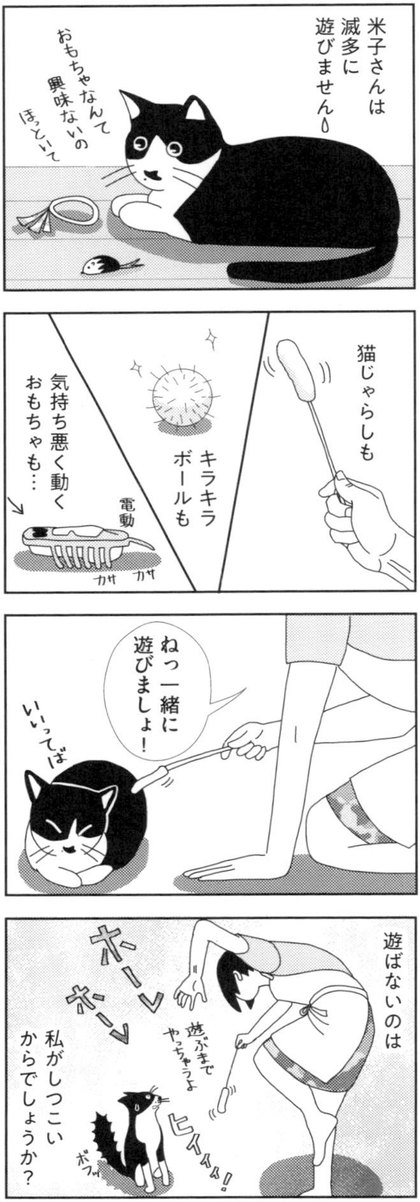
米子さんは
滅多に
遊びません
おもちゃなんて
興味ないの
ほっといて
猫じゃらしも
キラキラ
ボールも
気持ち悪く動く
おもちゃも…
電動
カサ
カサ
ねっ一緒に
遊びましょ！
いいってば
遊ばないのは
遊ぶまで
やっちゃうよ
ホーレ
ホーレ
ヒイィィ！
ボフッ
私がしつこい
からでしょうか？

※まるでゴキブリです

一歳の誕生日

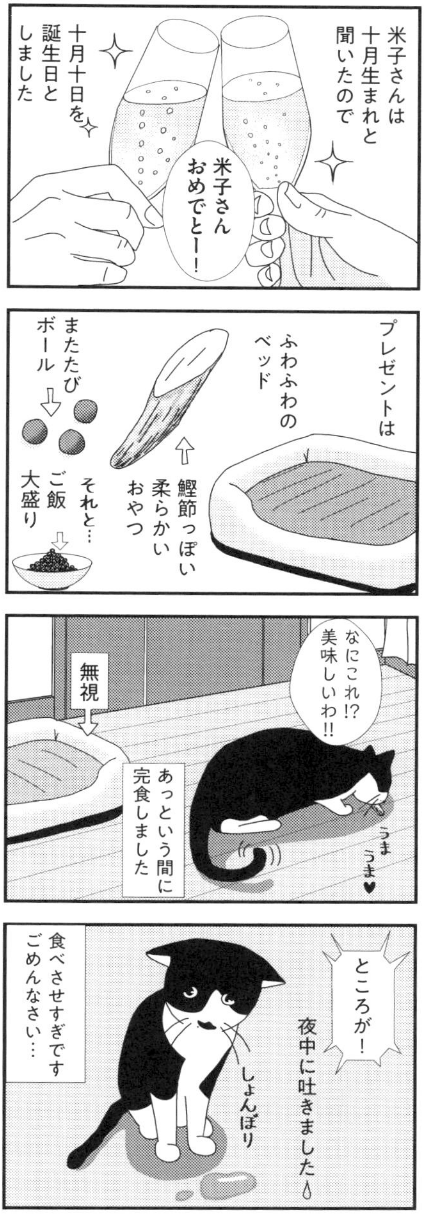
米子さんは十月生まれと聞いたので
米子さん おめでとー！
十月十日を誕生日としました
プレゼントは
ふわふわのベッド
鰹節っぽい柔らかいおやつ
またたびボール
それと… ご飯大盛り
なにこれ!? 美味しいわ!!
無視
あっという間に完食しました
うま うま♥
ところが！
夜中に吐きました
しょんぼり
食べさせすぎです ごめんなさい…

おやつはくわえて
部屋の隅に持って行って
誰もいない所で
こっそり食べます。
野生のネコ科動物みたいです

のっし
のっし

ありがとう

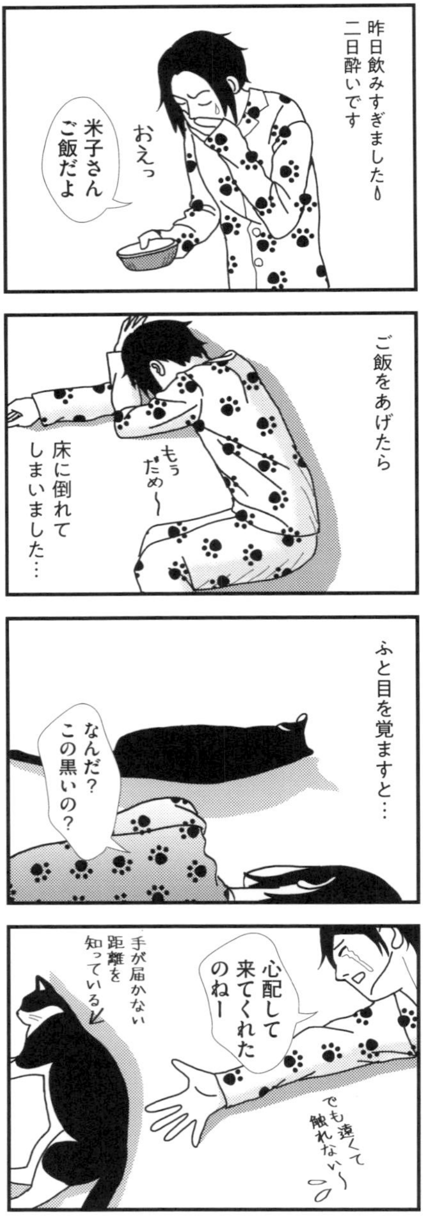
昨日飲みすぎました 二日酔いです
おえっ
米子さん ご飯だよ
ご飯をあげたら
床に倒れて しまいました…
もぅ だめ~
ふと目を覚ますと…
なんだ? この黒いの?
心配して 来てくれた のねー
手が届かない 距離を 知っている
でも遠くて 触れない~

触り方

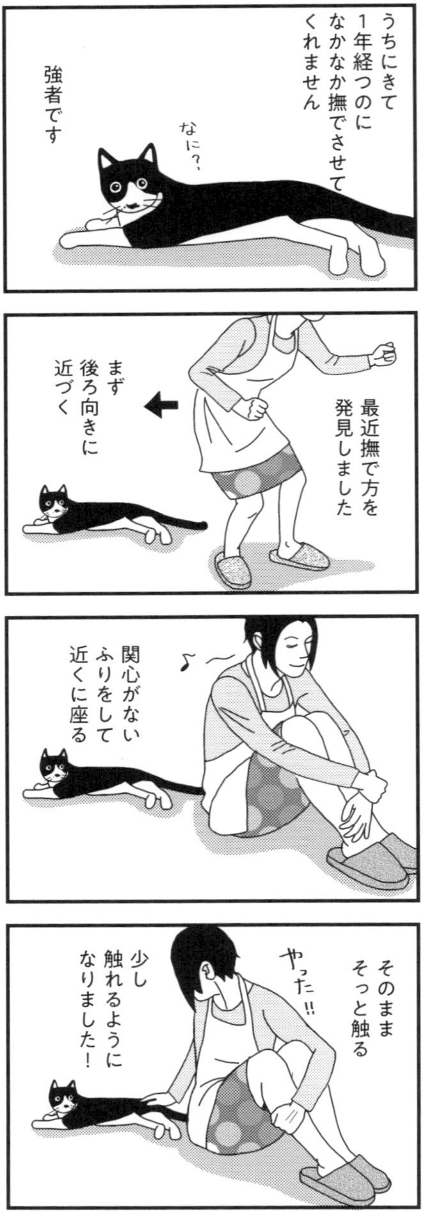
うちにきて 1年経つのに なかなか撫でさせて くれません
なに?、
強者です
最近撫で方を 発見しました
まず 後ろ向きに 近づく
関心がない ふりをして 近くに座る
そのまま そっと触る
やった!!
少し 触れるように なりました!

姉ちゃんっ子

米子さんの弟レオ君が
テレビを見ていた時の
事だそうです
米子さん似の猫が
登場しました
ハッ
←テレビ画面です
バーン
バーン
バーン
姉ちゃん！
生きてたんだね!!
ボクだよ！
姉ちゃん！
ねえ…ちゃん…
テレビの猫に
無視されて
しばらくしょんぼり
していたそうです…

←白黒猫

実際の写真

米子さんは
弟柄（キジ白）を見ても

全く反応しません
残念です…

秋

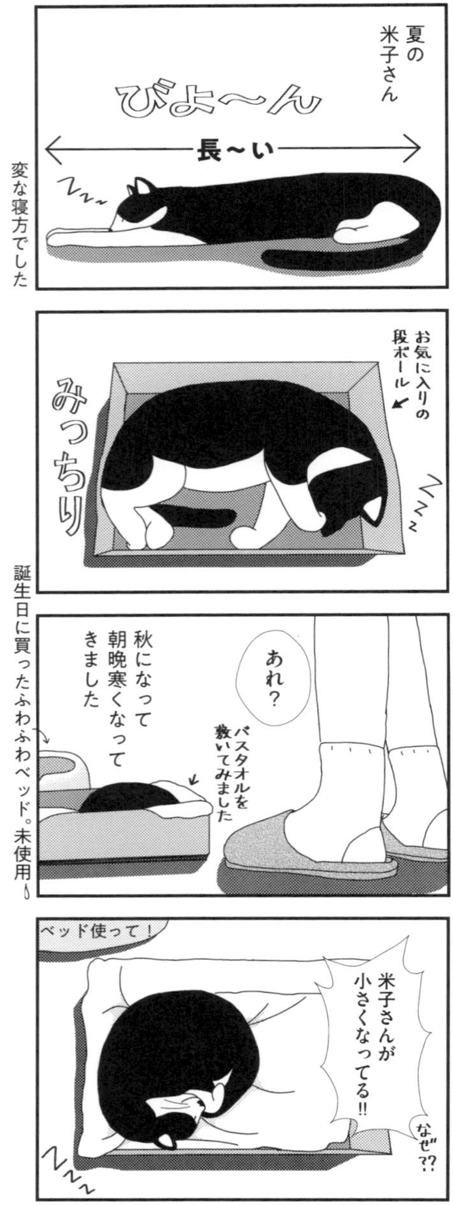

夏の米子さん
びよ〜ん
長〜い
変な寝方でした
お気に入りの段ボール
みっちり
誕生日に買ったふわふわベッド。未使用
秋になって朝晩寒くなってきました
あれ？
バスタオルを敷いてみました
ベッド使って！
米子さんが小さくなってる!!
なぜ??

おくびょう者

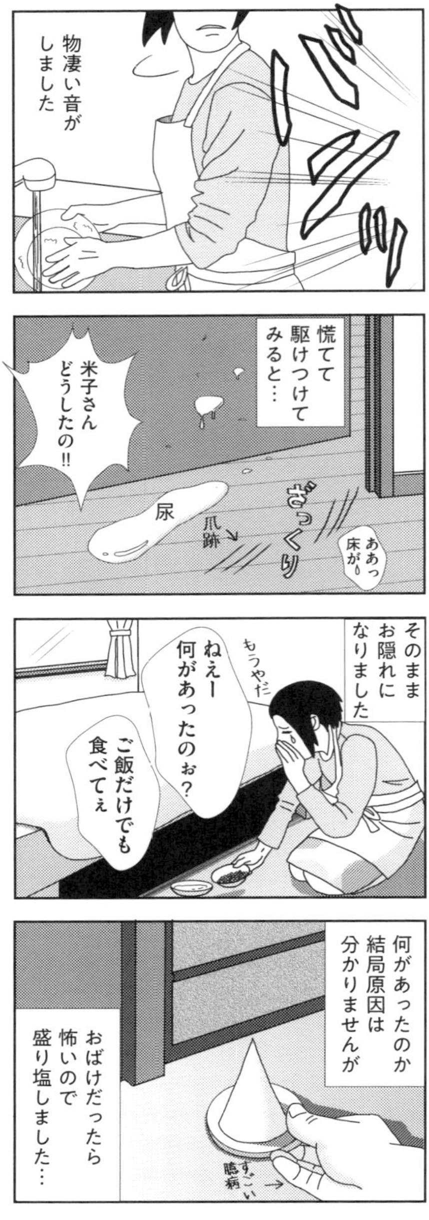

物凄い音がしました
慌てて駆けつけてみると…
米子さんどうしたの!!
尿
爪跡→
ざっくり
ああっ床が
そのままお隠れになりました
もうやだ
ねえー何があったのぉ？
ご飯だけでも食べてぇ
何があったのか結局原因は分かりませんが
おばけだったら怖いので盛り塩しました…
すごい臆病→

のぞかないでよ

キャットタワー

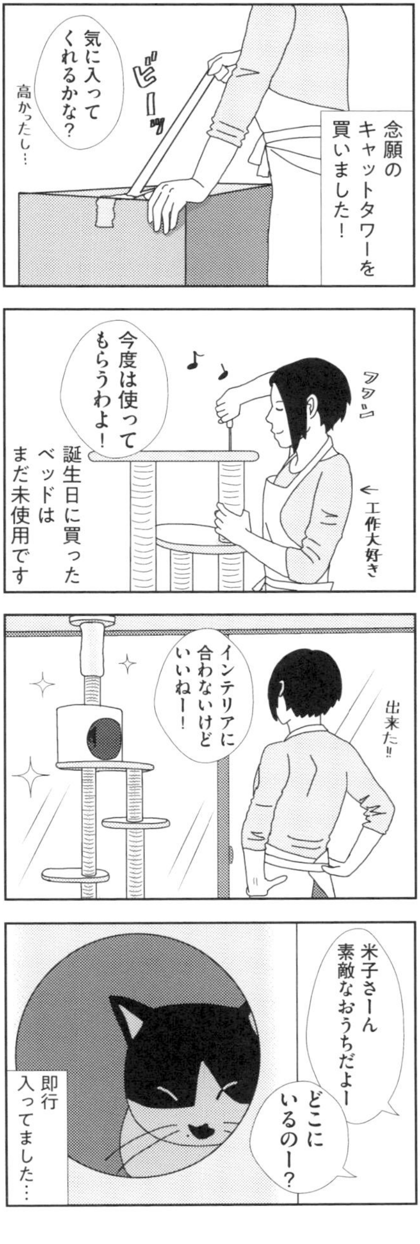
念願のキャットタワーを買いました！
ビーッ
気に入ってくれるかな？
高かったし…
←工作大好き
フワ〜♪
今度は使ってもらうわよ！
誕生日に買ったベッドはまだ未使用です
出来た!!
インテリアに合わないけどいいねー！
米子さーん素敵なおうちだよー
どこにいるのー？
即行入ってました…

明けまして おめでとうございます

ゴーン
ゴーン
あっ除夜の鐘だ
ゴーン
煩悩を消してくれるね
ゴーン
ゴーン
今年は米子さんが来てくれて
いろいろ楽しかったね
ゴーン
でも我々の煩悩を押しつけて可哀想だったかな?
私の事話してますか?
来年は米子さんの好きにさせてあげようね
今年は一緒に寝てくれますように…
悩
煩
膝に乗ってくれますように…
煩悩復活

爪切り2

爪切りが怖いです
ひっかき傷
歯型
猫の傷は痛いし治りません
布を被せると猫が落ち着くと聞きました
ニャー
まず私達がリラックスしなきゃ!
ニャー
シャー
シャー
歌を歌おう!
ニャー
ばばんがばんばんばーんいい湯だな~♪
ニャー
それってリラックスソングなの?
ニャー
イヤー
やったー初めて全爪切れたー
そして…お正月はずっと隠れたままでした
苦節1年…

仮病

P.44「ありがとう」参照
二日酔いで倒れた時
米子さんが添い寝
してくれた事を
自慢しました
まあ
人徳って
やつかな
チェッ
うっ
苦しい…
こめ…こ
看病し…て
やだ!
怖いわ
行っちゃったね…
ううっ……
仮病は
分かるようです

お正月なのでGPS(首輪)を新調しました。
私の帯締めを切って作りました

丸

米子さん
おはよう
寒いね
うわっ
まん丸!!
こんな感じ?
しっぽ
ロボみたい!!
手足としっぽは
収納できるんだ
早く暖房
入れてください

まん丸です

砂

米子さんはトイレの後始末を丁寧にします
富士山を作ろうとしたんですか？
ずっと砂を掘るので鼻から吸い込んでも大丈夫な砂に交換してみました
ザーッ
早速調べてるよ！気に入ってくれるといいなあ
えーっ!! 食べたの!?
まずいけど食べ放題ね!!
ペロ

くしゅん！

くしゃみをしながらずっと掘っています。
たくさん粉を吸い込んでいると思うと
気が気じゃありません…

譲り合い

あれ？どうして床に座ってるの？
みて みて
しーー
ソファーに座ると逃げてしまうので座れませんが
ヒソヒソ
カワイイね
近くに来てくれて幸せです！

ペッ

米子さんの弟「レオ君」の里親さんは猫歴30年のベテランさんです
レオ君はもう懐きましたか？
うにゃ
うにゃ
米子さんはね 最近 うにゃうにゃ…
レオ君って ペッて言うの
※想像です
ケッ
ペッ
ペッ
この姉弟は何か辛い事があったのでしょうか？

巨人

朝呼びに来ても無視していると
ニャー
ニャー
ニャー
起きてー朝ご飯だにゃ
まだ1時間も前だよ…
同居人を起こしに行きました
ニャー
お腹すきました
あれ？起こしに来てくれたの？
米子さんから見たイメージ
ゴゴゴゴ
よしよしご飯あげようね
怖いにゃ～
こめこ…
怖いくせにどうして起こすの⁉

米子さんにはこういう風に見えているんですね。描いていて怖くなりました

年の数

鬼はー外
福はー内
何してるのかしら?
怖いわ
何かしら?これ
美味しそうね
ワン
ワン
米子さん待ったー!!
?
米子さんは一歳だから一粒だけだよ
ひとつ…

ピンポンダッシュ

あら寝てるの
息してる?
ポカポカ
ピ
今なら触れそ…
ンポーン
う
シュワッ
どうしてチャイムを鳴らすんですか!!
お…お荷物です
触れそうだったのに…

夢のかけ橋

一日目
どうしても米子さんと一緒に寝たいので
おやつを置いてみました
二日目
ドキドキ
今度はベッドに登りやすいように台を置いてみました
ベッドが高すぎて登れなかったのね
三日目
今夜こそ!!
それでも駄目だったので板材を置いてみました
きっと暗くて飛び乗れなかったのね
命名 夢のかけ橋
いたっ
夜中に頭を打って血がでました
結局米子さんは来ないまま…

夢のかけ橋　その後
またいつでも使えるように
すぐ取り外せるようにしています。
米子さんが乗っても壊れない
丈夫な板です

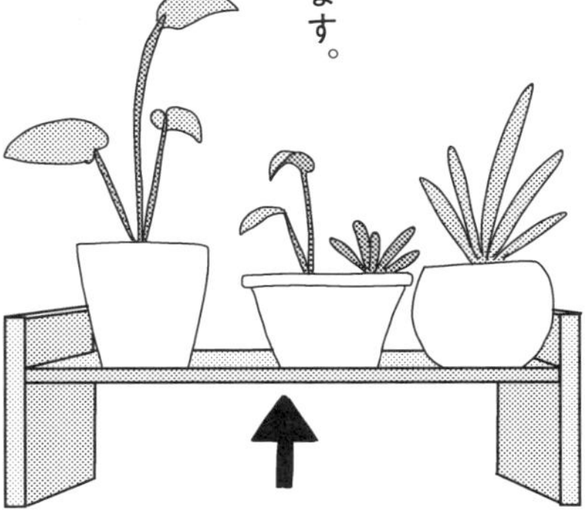

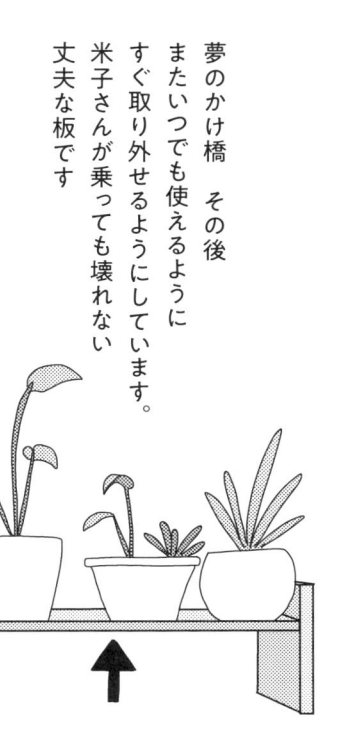

思い出

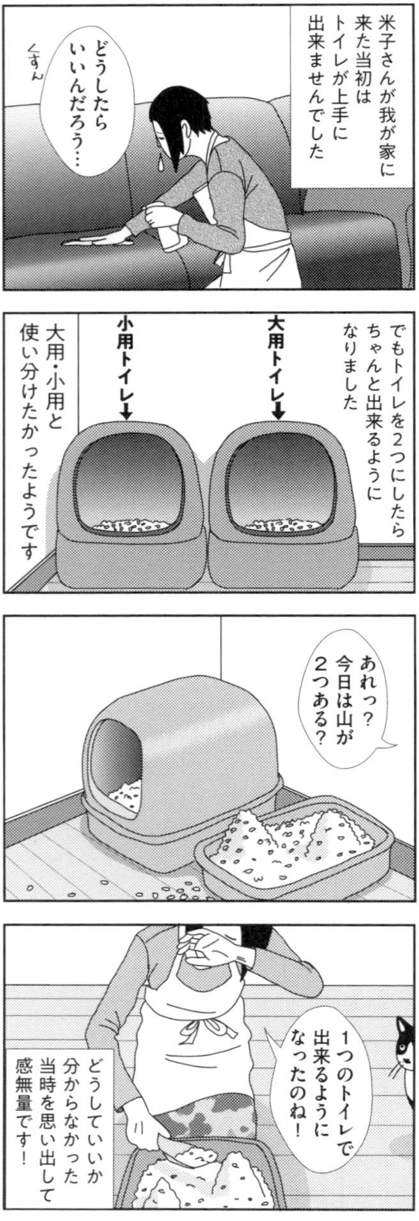
米子さんが我が家に来た当初はトイレが上手に出来ませんでした
どうしたらいいんだろう…
くすん
でもトイレを2つにしたらちゃんと出来るようになりました
大用トイレ
小用トイレ
大用・小用と使い分けたかったようです
あれっ？今日は山が2つある？
1つのトイレで出来るようになったのね！
どうしていいか分からなかった当時を思い出して感無量です！

視線

よいしょ
じーっ
あら？米子さんこんな所にいたのね
何してるの？
最近視線が気になります
丸見えですけど…
じーっ
隠れているつもり

岩合さん

米子さんが来てから
テレビの猫番組を
見るようになりました
ピッ
岩合さんの
猫番組の
時間だ！
すごいなー！
いきなり
懐いちゃう
のねー
私
いい子だねー
おいでー
えっ!?
米子さんが
出てきた！
私が呼んでも
出てこないのに
なーに？

なあに？

疲れたわ～

ヒクッ

ヒクッ
ヒクッ
米子さんどうしたの!!
キャー!
先生!!うちの猫が痙攣を!!
すぐそちらに連れて行った方がいいですか!?
ヒクッて言うんです!!
ああそれはしゃっくりですね
ふふふ
誤飲して肺に入るといけないので治るまでは飲食を控えてください
しゃっ…
結局4時間も治りませんでした
ヒクッ
どうしてご飯くれないのよ!!
治るまでご飯は駄目だって～
空腹としゃっくりですごく不機嫌でした
ヒクッ

心配かけます

スピー
あ〜あ こんな所で 寝ちゃって…
エヘヘ 米子ちゃん…
まったく… だらしないわね
大丈夫 かしら？
これを飲むと いつもこうなるのよね
スンスンッ
毒？
かっこいい 事言った
大人は酒でしか 心の渇きを 癒せない時が あるのよ
やっぱり 毒だわ!!
変な事 言ってる！

酔っぱらうといつも心配してくれます

初めてのお迎え

トコ トコ
あれ!! 迎えに 来てくれたの!?
感激！
ただいまー
ハッ
キャー
キャーって 逃げなくても…
がらーん
散歩の途中 だったようです…

運動神経

家の呼び鈴が鳴った時だけ
光の速度で逃げる
ピンポンダッシュ

「黒い稲妻」の二つ名あり

米子さんの体の秘密
その③

第3章

The 3rd year

余裕が出てきた3年目

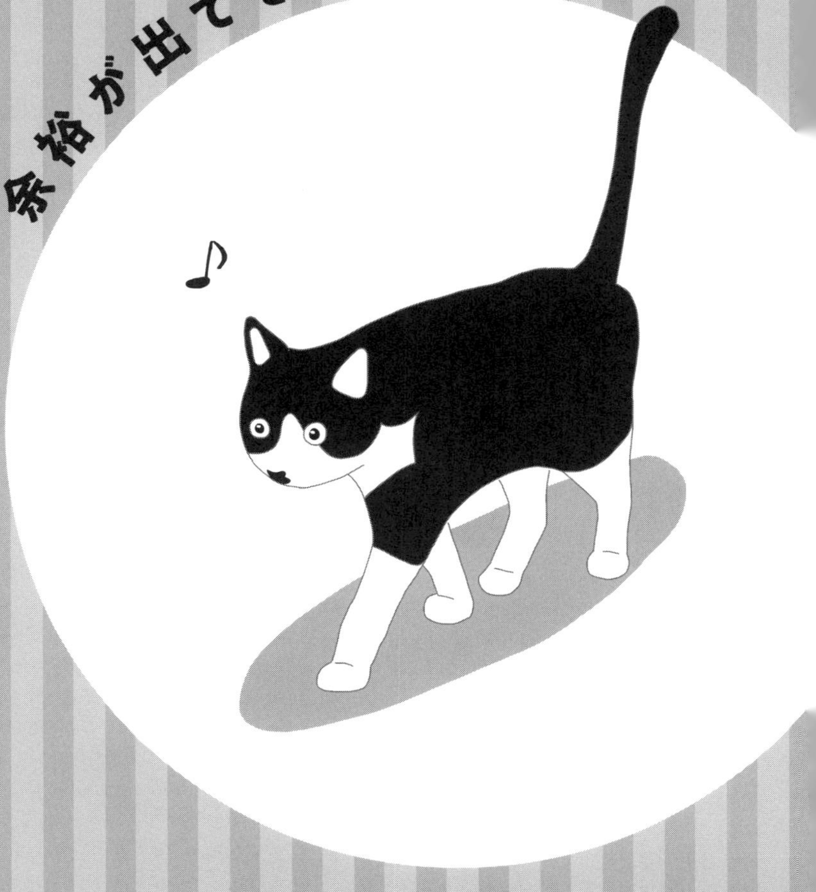

鳥

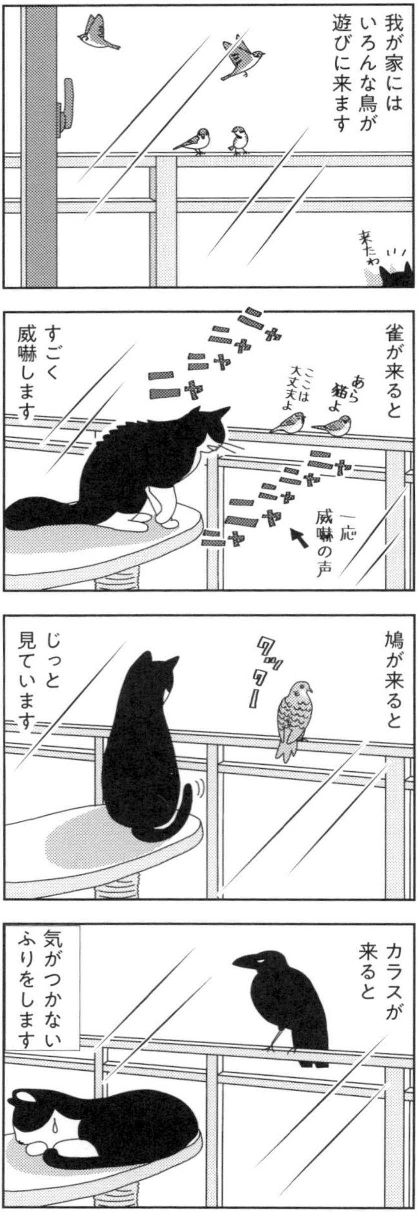

我が家にはいろんな鳥が遊びに来ます
来たわ
雀が来ると
あら猫よ
ここは大丈夫よ
ニャニャニャ
すごく威嚇します
ニャニャニャニャ
一応威嚇の声
鳩が来ると
クックー
じっと見ています
カラスが来ると
気がつかないふりをします

春

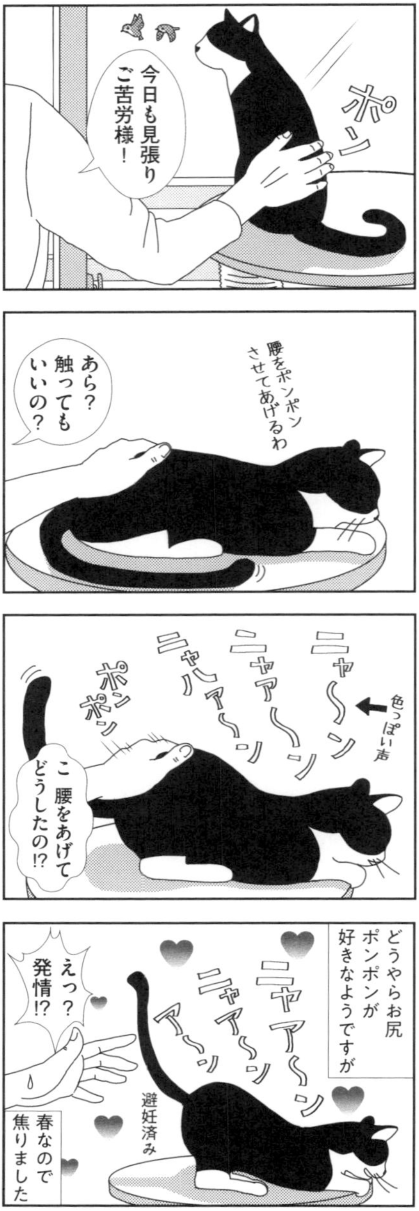

ポン
今日も見張りご苦労様！
腰をポンポンさせてあげるわ
あら？触ってもいいの？
ニャ〜ン
ニャア〜ン
ニャハア〜ン
色っぽい声
ポンポン
こ 腰をあげてどうしたの⁉
どうやらお尻ポンポンが好きなようですが
ニャア〜ン
ニャア〜ン
ア〜ン
えっ？発情⁉
避妊済み
春なので焦りました

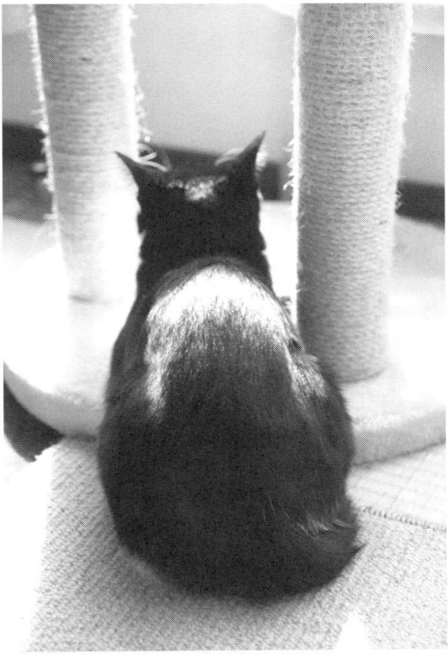

ポンポン待ち

ポンポンの弊害

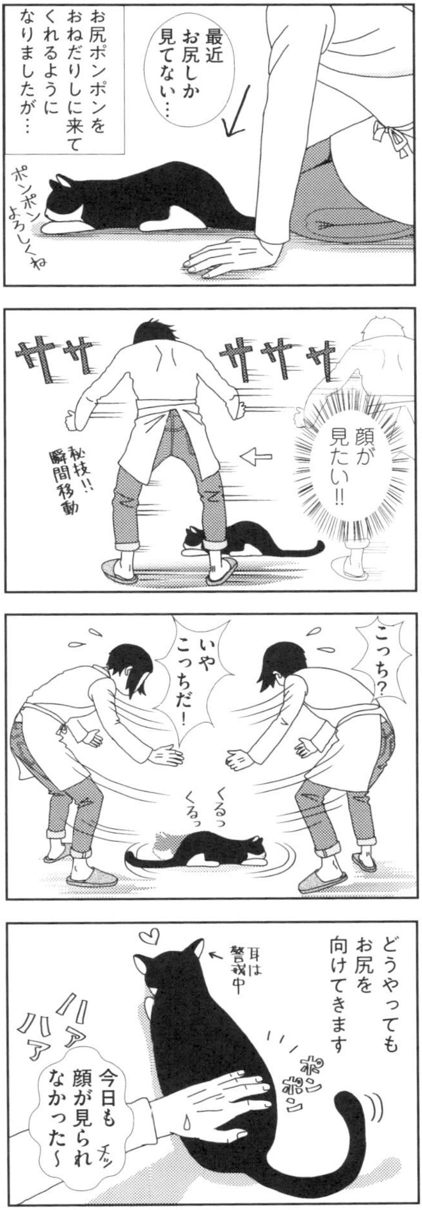
最近お尻しか見てない…
お尻ポンポンをおねだりしに来てくれるようになりましたが…
ポンポンよろしくね
サササ
顔が見たい!!
ササ
秘技!! 瞬間移動
こっち?
いやこっちだ!
くるっ くるっ
どうやってもお尻を向けてきます
耳は警戒中
ポンポン
ハァハァ
今日も顔が見られなかった～
チッ

ブラシ

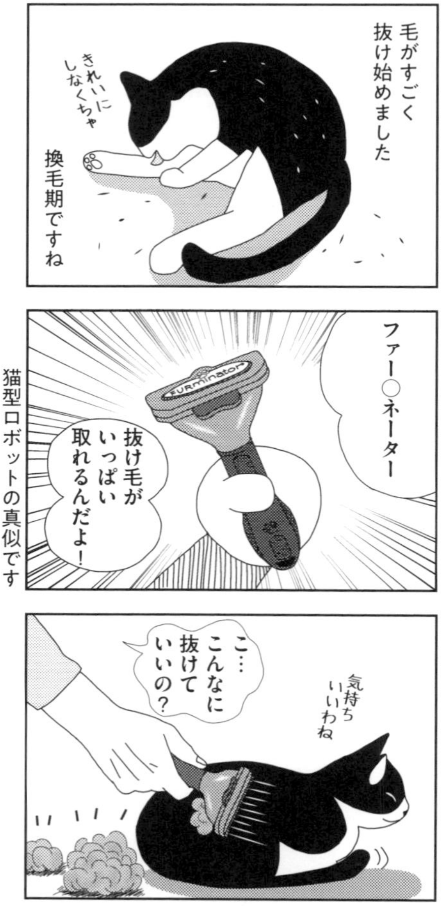

毛がすごく抜け始めました
きれいにしなくちゃ
換毛期ですね
ファー○ネーター
FURminator
抜け毛がいっぱい取れるんだよ!
猫型ロボットの真似です
こ…こんなに抜けていいの?
気持ちいいわね
痛くないよかったー
無理に毛を抜いていたら怖いので自分で試してみました
大丈夫ね

肉水クッキング

米子さんはあまり水を飲みません
じーっ
なぜか見るだけ
さすがに困って肉水(我が家での呼び方)を作ってみました
パウチを14等分して冷凍します
凍ったらラップします
1回40ccのぬるま湯で溶かして出来上がり
ミャーミャー
訳 早くください
そうとう薄味ですがあっという間に完食します
うまうま
これ大好き♡美味しいのよね
もし薄めずにあげたら美味しさで気絶するかも…

またたび

「またたび」をあげました
美味しい？
カリ
ポリ
球体になったおやつ
またたびを食べると酔っぱらったようになると聞きました
想像です
あ〜ん♡酔っぱらっちゃった
きりっ
あれ…？米子さん…何ともないの？
もっと頂けるかしら？
どうやら酒豪のようです

美味しかったなー

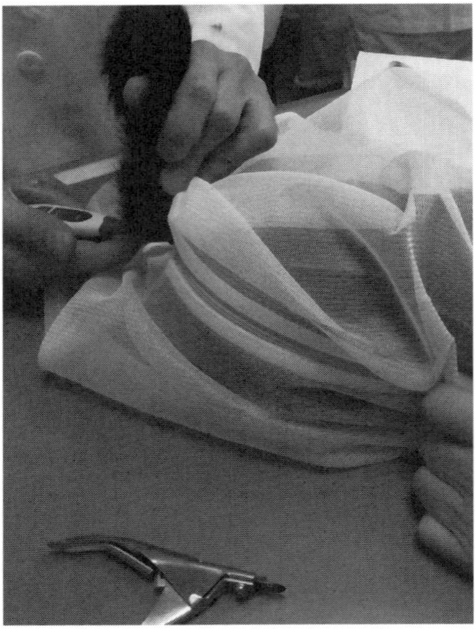

体温を計測中。
何をされても我慢する米子さん

初めての病院

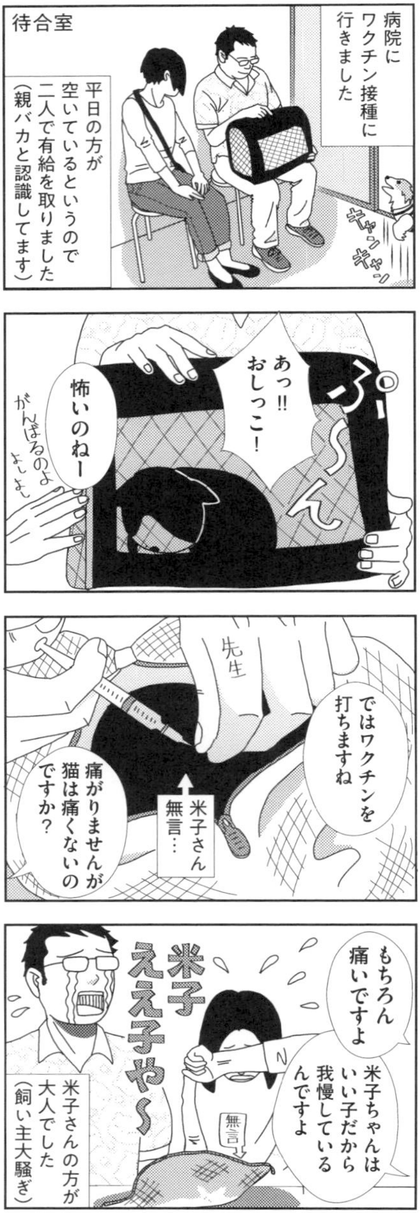
病院にワクチン接種に行きました
待合室
平日の方が空いているというので二人で有給を取りました（親バカと認識してます）
キャンキャン
ぷ〜ん
あっ!! おしっこ！
怖いのねー
がんばるのよ よしよし
ではワクチンを打ちますね
先生
米子さん無言…
痛がりませんが猫は痛くないのですか？
もちろん痛いですよ
米子ちゃんはいい子だから我慢しているんですよ
無言
米子ええ子や〜
米子さんの方が大人でした（飼い主大騒ぎ）

ペットシーツとゴミ袋は持参してます！

逃亡防止のため、洗濯ネットに入っています

銀紙

ワシャ
クシャ
チョコの包み紙
ほーら米子さん!
ポーン
米子さんが遊んでるー♡
珍しい!
キャー
楽しいわ
同じものを作るためチョコを食べ続けましたが…
ねえ遊ぼうー
すぐ飽きた
結局私が太っただけでした
ムチッ

おもちゃには全く興味がありません

段ボール

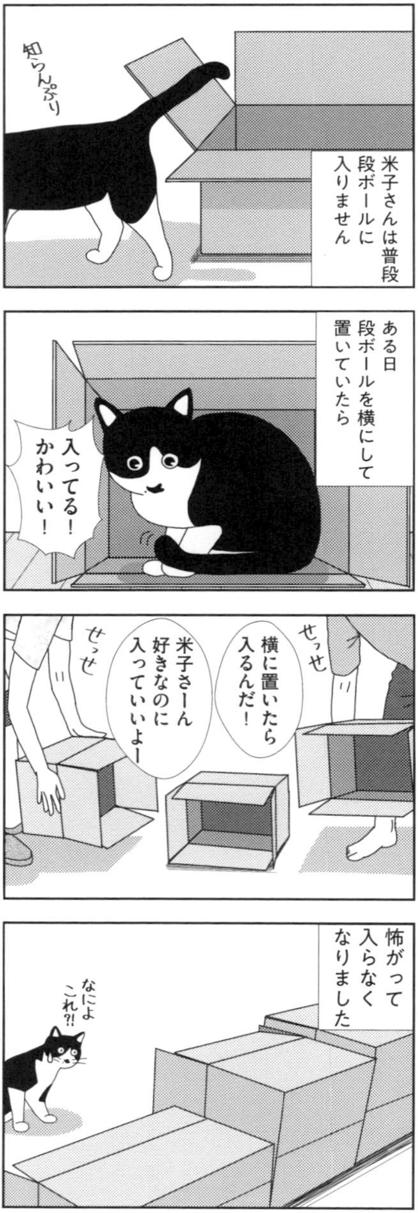
知らんぷり
米子さんは普段段ボールに入りません
ある日段ボールを横にして置いていたら
入ってる！かわいい！
横に置いたら入るんだ！
米子さーん好きなのに入っていいよー
せっせ
せっせ
怖がって入らなくなりました
なによこれ?!

お尻

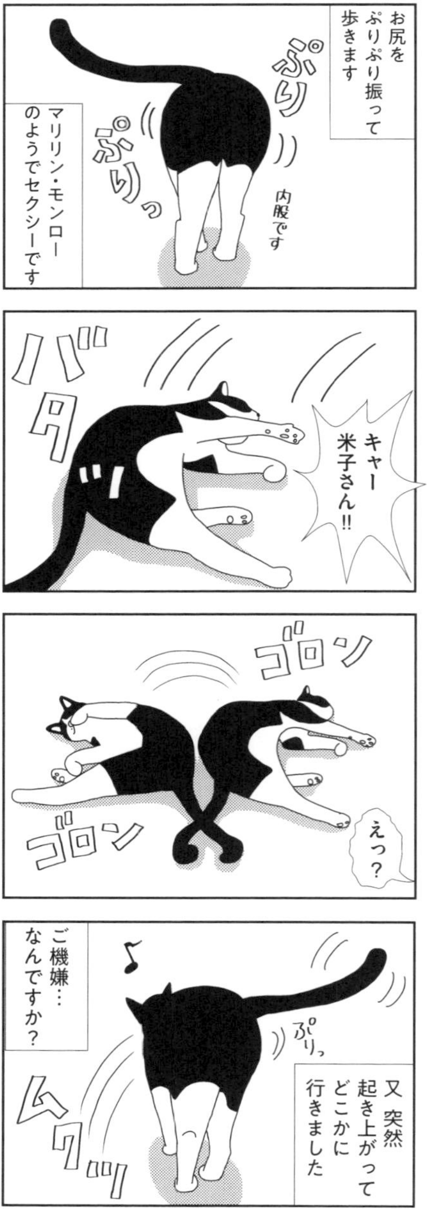
お尻をぷりぷり振って歩きます
ぷり
ぷりっ
内股です
マリリン・モンローのようでセクシーです
バタッ
キャー米子さん!!
ゴロン
ゴロン
えっ？
ご機嫌…なんですか？
ぷりっ
ムクッ
又突然起き上がってどこかに行きました

忍者

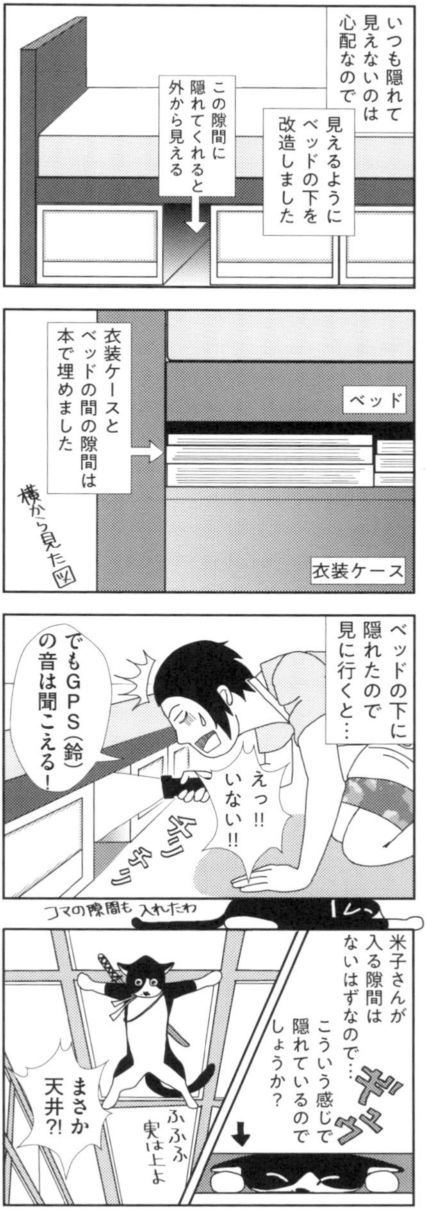
いつも隠れて見えないのは心配なので
見えるようにベッドの下を改造しました
この隙間に隠れてくれると外から見える
衣装ケースとベッドの間の隙間は本で埋めました
ベッド
衣装ケース
横から見た図
ベッドの下に隠れたので見に行くと…
でもGPS(鈴)の音は聞こえる!
えっ!! いない!!
チリチリ
コマの隙間も入れたわ
米子さんが入る隙間はないはずなので…
こういう感じで隠れているのでしょうか?
まさか天井?!
ふふふ 実は上よ

米子さんって忍者柄でした…
女の子なので「くのいち」ですね。

高い所に跳んだり
狭い所に入ったり
色気で飼い主たちを
惑わしています

歯

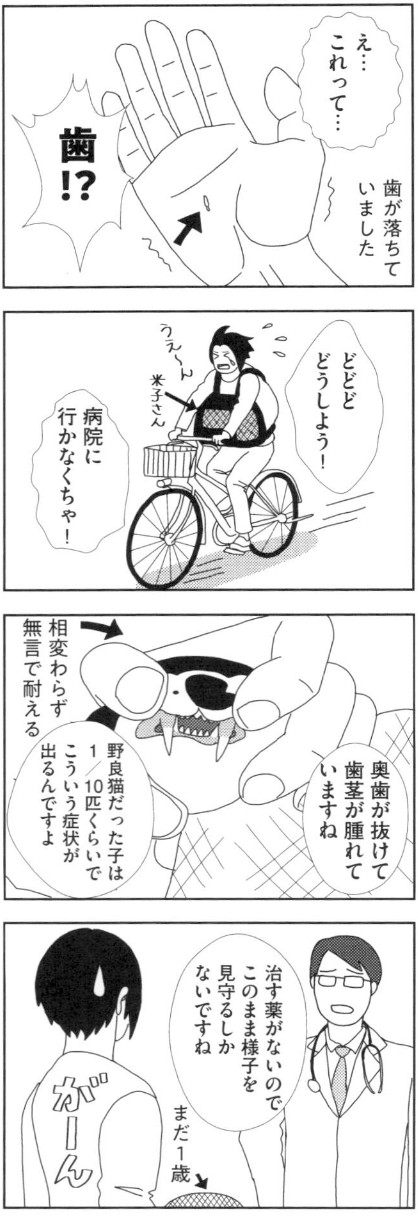
え…
これって…
歯が落ちていました
歯!?
どどどどうしよう!
うえ~ん
米子さん
病院に行かなくちゃ!
奥歯が抜けて歯茎が腫れていますね
野良猫だった子は1/10匹くらいでこういう症状が出るんですよ
相変わらず無言で耐える
治す薬がないのでこのまま様子を見守るしかないですね
まだ1歳
が一ん

セカンドオピニオン

実は前回の病院の前に別の近くの病院に行きました
先生!これって歯ですよね!
抜けた歯
ん~?何だろうね
歯茎が腫れてるね
カアサンタスケテ
先生!口の中見えているんですか!?
猫の持ち方大丈夫?! 泣いてますけど…
エイズか白血病だから免疫力が落ちてこうなるんだよ
菌が心臓に入ったら死んじゃうね
カルテ見て!!
問診票に両方陰性と書きました
死ぬとか言わないで
近くて空いている病院だったのでつい行ってしまいましたが
あの病院やばい!!
ニャ~~
米子さん
病院で処方された大量の薬
そのままいつもの病院に走っていきました

せっかくしゃべったのに…

初めてしゃべった日

ニャ〜
今日は病院に行くの！
逃げない!!
追いつめたわ
ニャ〜ンニャ〜ン
いや〜ん
ニャ〜ン
ニャ〜ン
ニャ〜ン
い…今いや〜んって…
すごい！しゃべった!!
天才だわ
病院に行かなくてもいいかしら？
自慢げ
それとこれは別！
今日は病院に行くの!!
つかまえた
油断したわね
いや〜ん

脱走

ガラッ
今朝もいい天気ー
シュッ
しまった!! ベランダに出ちゃった!
あら初めての場所だわ
声をだしたら驚いてベランダから飛び降りてしまう! ここから落ちたら絶対に助からない!
幸いまだ朝食前
大好きなおやつで家の中に誘導しなきゃ
←おやつ
ここ楽しいわ
おっと
ズルッ
ひーー!!

トイレ掃除

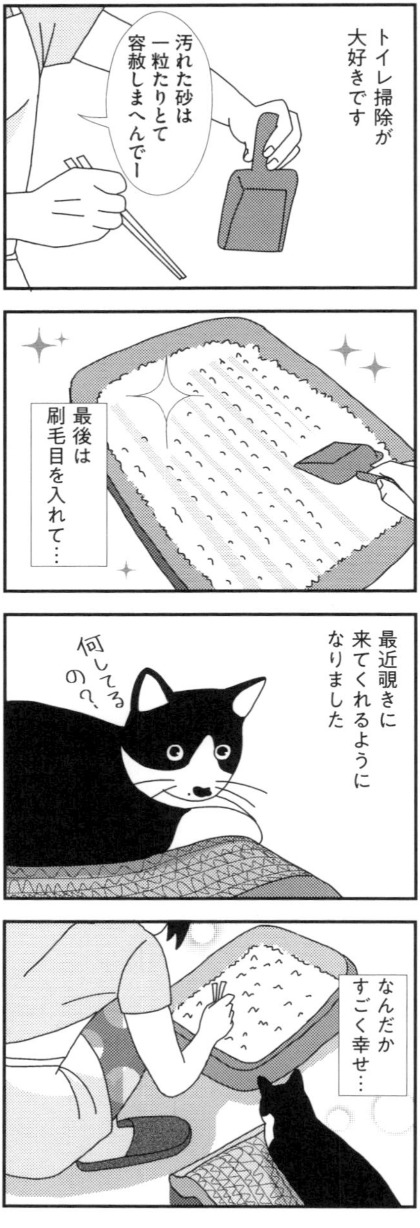
トイレ掃除が大好きです
汚れた砂は一粒たりとて容赦しまへんでー
最後は刷毛目を入れて…
最近覗きに来てくれるようになりました
何してるの？
なんだかすごく幸せ…

マット

ステキ！
某高級インテリアショップでふわっふわのバスマットを見つけました
しかもセールなのに!!
¥10.000
¥7.000
たかがバスマットなのにたっ高い！
でも…
あーん気持ちいい♪ありがとう！
ゴロゴロ
こうなるといいな…
捨てないでね
980円のボロボロのマット捨てるつもりで畳んである
そしていまだに乗ってくれません

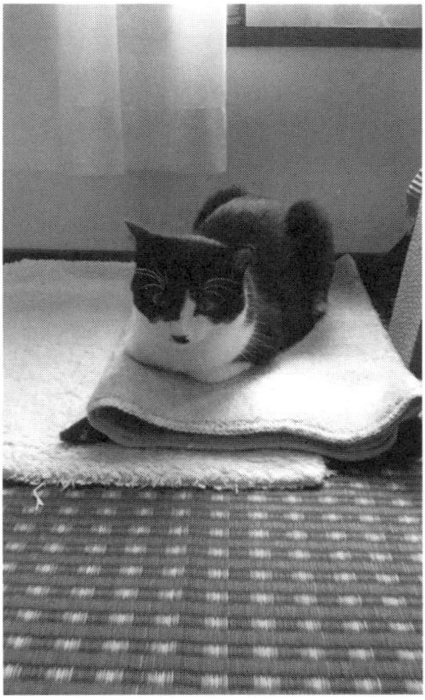

お気に入りのマット

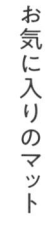

長期出張

長期出張中に同居人からこんなメールが届きました
ご飯
食べません
米子さんにな…何が起こっているの!?
電報?!
帰ってくると…
こ…これは!! 寂しい時にするという…
伝説の玄関うんこ!
リビングに行くと
ピシッ
どこに行ってたの?、
準備万端でお尻ポンポンを待っていました
※猫がしっぽを上げるのは嬉しい証拠
うれし泣き
なんだ… 私がいないと寂しいのね
ポンポン
しっぽをからめて甘えてくれました

「伝説の玄関うんこ」とは！

猫さんが「寂しい」と飼い主に訴えるためわざわざ玄関で大をするとかしないとか…
（全くの都市伝説です）

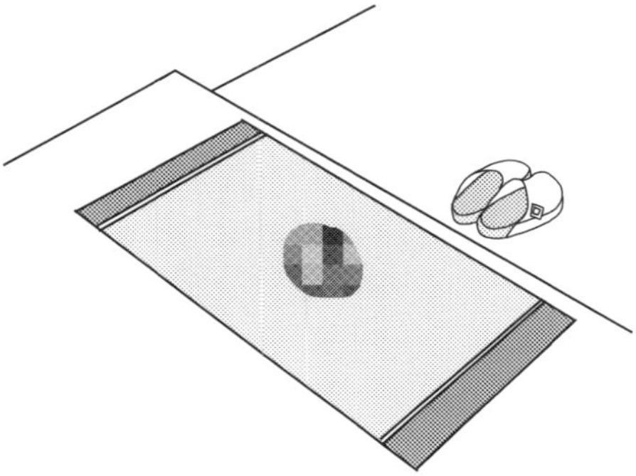

温度計

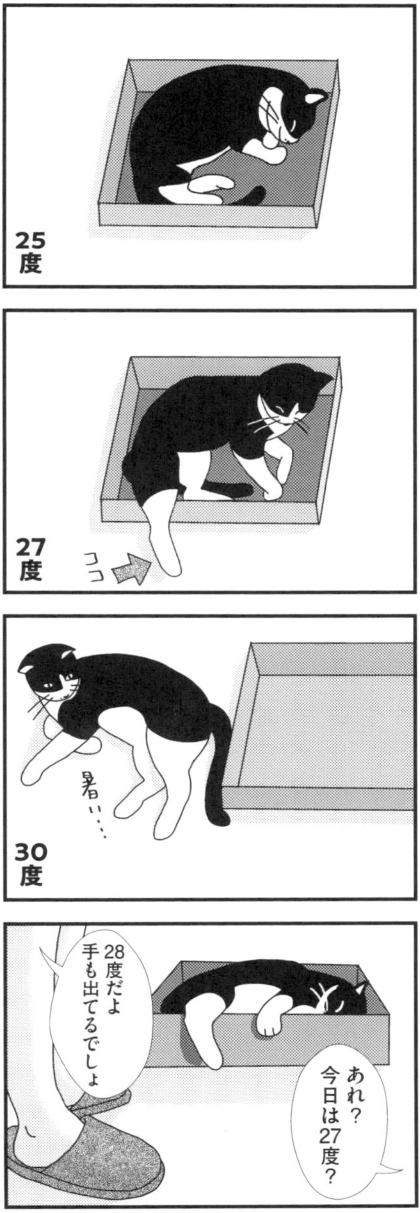
25度
27度
ココ
30度
暑い・・・
あれ？今日は27度？
28度だよ手も出てるでしょ

なんですか？

一点をじーっと
見ている時があります
な何を見てるの？
虫がいる時も
何もいない時もあります…
ヒ〜
やめて〜

気遣い

なぜか 朝食を食べ始めると トイレをしに来ます
きた…
ウロ ウロ
チラッ チラッ
それなのに 我々がいると トイレをしません
……
もう… いいかなあ?
しっ
毎朝部屋の外に 立たされます

鍵

米子さんの 夕食時間に 間に合った
ボロッ
やれやれ～
あっ 鍵がない!!
今朝
そうだ… 今朝は私の方が 早かったんだ
行ってらっしゃい
鍵は 家の中だ
米子さ～ん 開けて～
ドンドーン
開けちゃ だめって 言われてるの

暑いなら、エアコンつけていいですか？

お暑いのがお好き

エアコンをつけると逃げていきます
エアコン嫌いなの
また散財。
クール用品は全く使ってくれません
扇風機も嫌いなようです
風は嫌いだわ
一緒にいようね！
あっ…
LOVE
?!
近くにいて欲しいので何もつけずに頑張っています

猫五輪

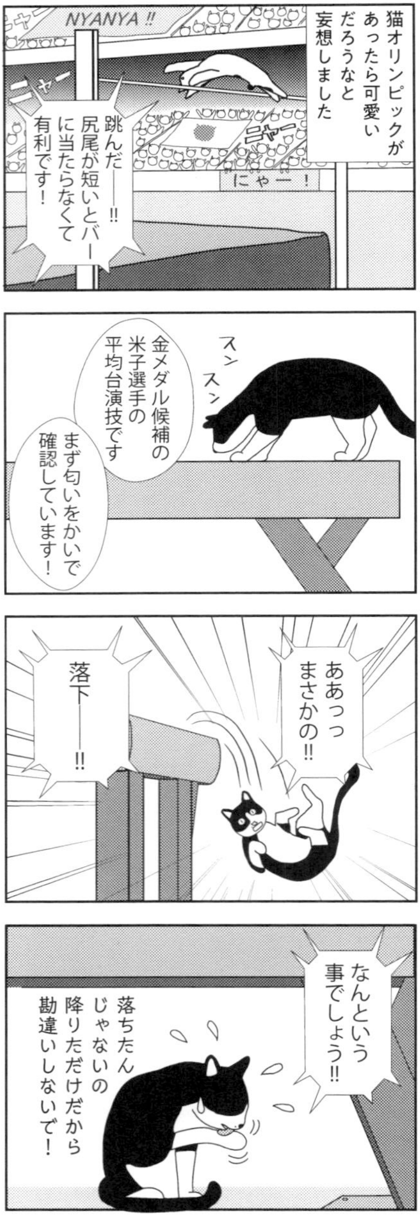
猫オリンピックがあったら可愛いだろうなと妄想しました
NYANYA !!
ニャー
ニャー
にゃー！
跳んだ――!!
尻尾が短いとバーに当たらなくて有利です！
金メダル候補の米子選手の平均台演技です
スン スン
まず匂いをかいで確認しています！
ああっっ まさかの!!
落下――!!
なんという事でしょう!!
落ちたんじゃないの降りただけだから勘違いしないで！

封印

Gが出ました（黒くて飛ぶ奴）
ここここ米子さん わ私がいるから だだ大丈夫よ
えもの？
カサカサ
こっち こないでー
シュー
しまった!!
アレ 片付けられない！
アレ
米子さんが近づかないように封印しました
米子さん 近づいちゃ ダメ～!!
えもの…
封印
発泡食品トレー

米子さんに虫退治をしてもらうのは無理ですね

これ虫？　ちょっと怖いんですけど！

悟り

猫砂の汚れは
最後は一つ一つ
お箸で取り除きます
最初は
楽しいのですが
無の境地
だんだん
無になってきます
そのうち
悟って宙に
浮ける気がします
フワ
フワ
瞑想したい方は
おすすめです

防災グッズ

1年に1度
防災グッズを
点検します
ウエット
ティッシュが
乾いてる〜
?
今夜は恒例の
防災食だね
賞味期限
ギリギリ
次は
米子さんのを
点検しよう!
トイレの砂は
2袋必要だね
わ〜い
爪とぎベッドも
必要だと思うよ
猫砂
トイレ
猫砂
いらない
米子さんの
防災グッズ
重い…
米子さんを
入れるケージ
ワタシ
まだ入って
ないわよ
←3.2kg
+米子さんを
持てるように
明日から
筋トレします…

我が家の米子さん用防災グッズ

米子さん用

ご飯（カリカリ1袋）

リード

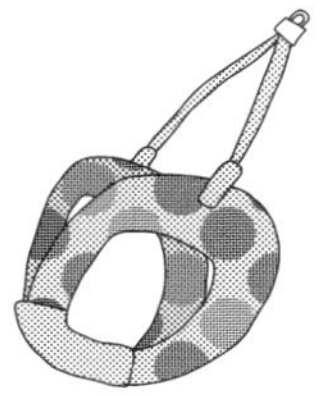

洗濯ネット

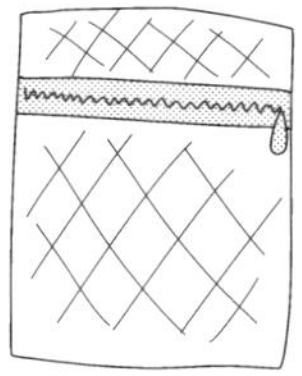

混乱時の脱走防止用

スープのパウチ

おやつ

水とご飯用食器2つ

小さめのシステムトイレ

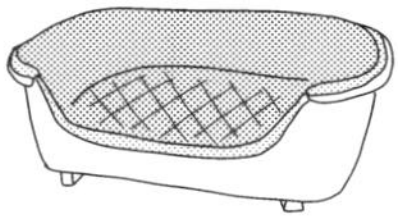

2重になっているので
1つはベッドにもなる

書類

・予防接種の証明書
避難所によっては証明書がないと入れない場合も
・米子さんの写真（特徴がわかるもの）逃げてしまった時、探すため

以上をリュックに
ぎゅうぎゅうに入れています

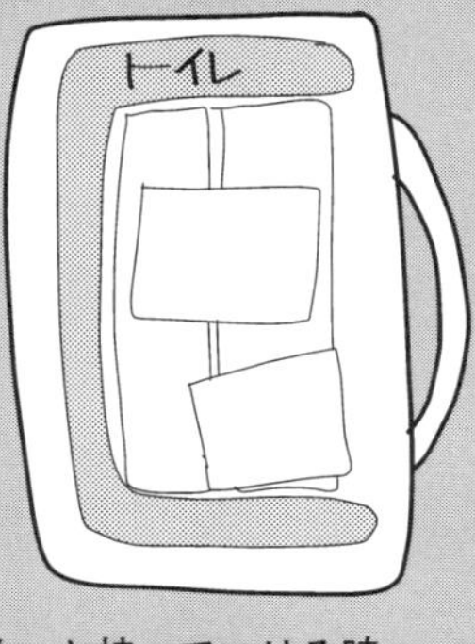

もっと持っていける時
・3人用テント　・寝袋

人間と共通

猫砂

ペットシーツ

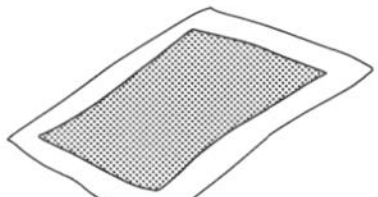

水（軟水）

熊本地震で被災された方から
「水が流れない時、人も使いました!」と
教えていただきました

秘密

深夜 楽しそうに
どこかに行きます（屋内）
こそっと
ついて行きました
そぉ〜
鏡!?
しばらく
鏡の前に
いました
女の子
ですねえ〜
うっとり
世界で一番
美人だよ

転がる草っぽいやつ

※出かける時は、ほぼ隠れています

米子さーん
お留守番
お願いします!
遅刻しそう!
バタ
バタ
ふわっ
ハッ
猫の抜け毛って
こう見えます
カサ
カサ
換毛期って
嫌い!
猫アレルギー
毛玉は見ない
ふりして
出かけました

お父さんと二人っきりって
気疲れするわ〜

年頃の娘

…で
どう？最近
ペロペロ
あーいいお湯だった
ほっ
年頃の娘と父は会話が難しいようです…

ケンカ

ケンカをしてしまいました…
ばーか
バカって言った方がバカ!!
よいしょ
あ…ごめん…
いや…僕こそごめん

猫の声

猫の動画を見ていた時
ニャ
かわいい
動画の猫が突然鳴きました
すると米子さんが走ってきて
あの…今猫の声が聞こえましたが…
ほらね
あはは！動画の猫だよ大丈夫
ねぇ見てきて欲しいんだけど
真剣
結局家中の点検をさせられました
ついてきた
他に猫さんいますか〜？
やれやれ

ことわざ

歩くと爪が床に当たってカチカチ音がします
そろそろ爪切りね〜
はぁ〜
カチ
カチ
以前は切れたのに…
いや〜〜
ヤメテ〜
最近は力任せに暴れるので家では切れません…
仕方がないので病院で切ってもらいます
静
恐怖で瞳孔が開いて黒目が大きくなります
すぐ終わりますよー
先生
本当に家で暴れるんですか？
パチ
静
昔の人は「借りてきた猫」とよく言ったものです

※米子さんをタオルに包んで切っています

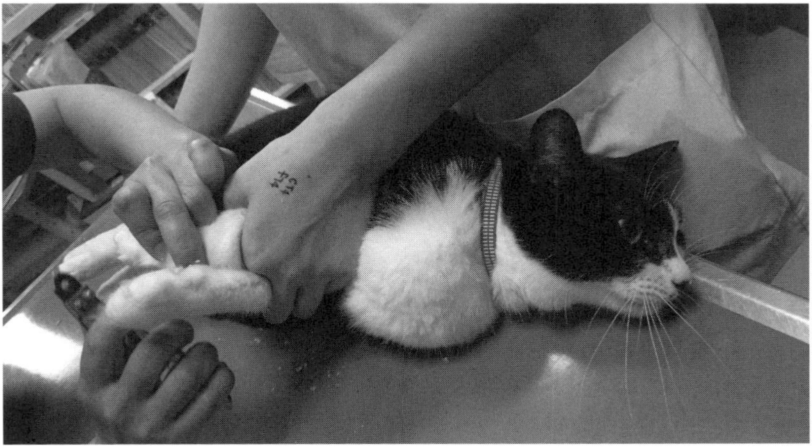

まな板の鯉

お出迎え

米子さんのご飯時に帰ってくると…
ひょこ
ただいまー
玄関まで迎えに来てくれます
遅かったじゃないの早くご飯にしてくださる？
ニャー
早く帰ってくると…
しーん
今日は迎えに来てくれるかなー
最近はご飯の時間まで時間を潰して帰ります

寒くなりました

夏
みっちり
やだ!! はみ出てる!
大きくなったのね～
冬
あれっ!?
小さくなってるー!!

36時間

トイレ(小)を36時間もしていません…
先生！36時間も出ていません!!
すぐ病院に連れて来てください！
米子トイレ日記
米子さんビジョン
米子さん病院に行くよ〜
びょういん
病院!?
じょわ〜
先生！出ました
良かったですね！

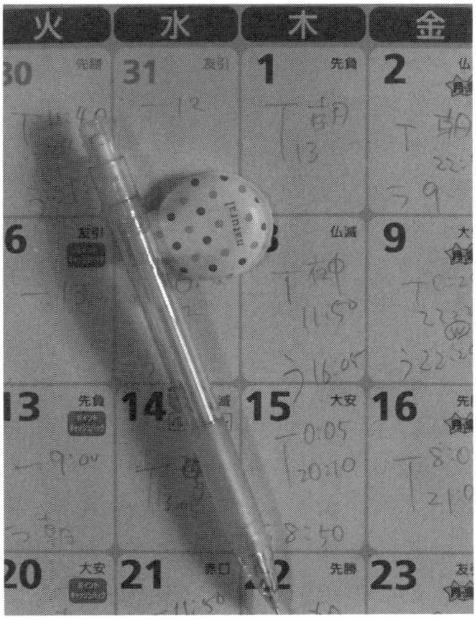

トイレ日記。冷蔵庫に貼っています

昼寝2

こめこです
今回は私が
言いたい事を…
Zzz
たまにリビングで
お昼寝をしていると
あっ!!
米子さんだ!
米子さんが
出てきてるよー
きゃー
可愛い
こっち
向いて♡
パシャ
パシャ
美人
だねえ
パシャ
パシャ
ゆっくり
昼寝も
出来ませんわ
あーあ
行っちゃった

少食？

最近ちょこっとしか
食べなくなりました
ごちそうさま
でしたわ
残ったご飯は
G予防のため
捨ててしまいます
食べなくて
心配…
ザザー
ある日
あの…
残したご飯を
捨てないで
いただけますか？
？
後で食べる
つもりで残して
いるんですの
ごめんっ!!
ポリ
ポリ

※G＝ゴキブリ

暖かいですわ

遠慮

ストーブをつけると
出てきてくれるように
なりました
あーっ!!
米子さん！
近い近い！
米子さん♪
私も一緒に
暖まっていい？
そそくさ
一緒に
暖まろうよ～
お気遣い有難う
ございます
いいんです
私ここで…
少しの間でも
暖かかったですわ
仕方がないので
米子さん用に
小さいストーブを
買いました…
私専用？
遠慮がちな猫で
困ります…

米子部屋

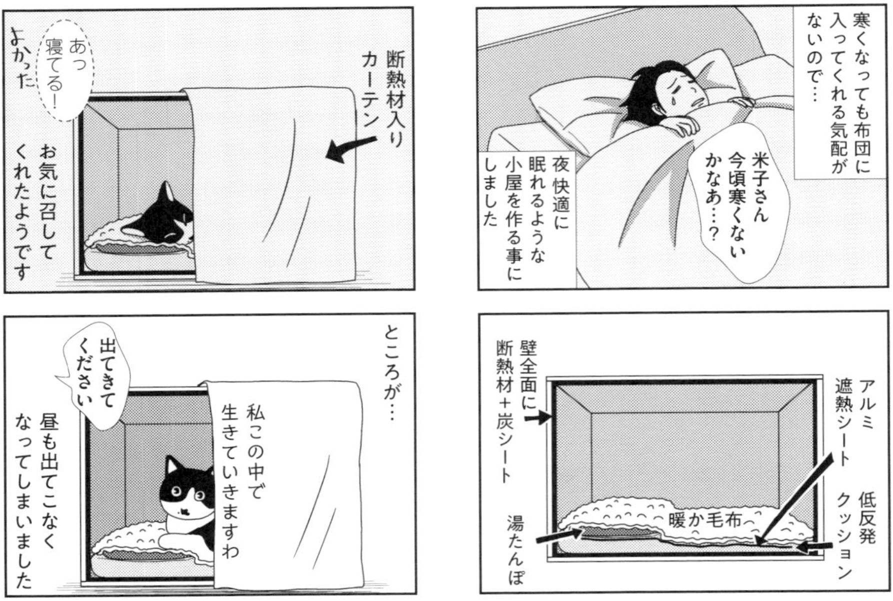
寒くなっても布団に入ってくれる気配がないので…
米子さん今頃寒くないかなあ…？
夜快適に眠れるような小屋を作る事にしました
アルミ遮熱シート
低反発クッション
暖か毛布
壁全面に断熱材＋炭シート
湯たんぽ
断熱材入りカーテン
あっ寝てる！
よかった
お気に召してくれたようです
ところが…
私この中で生きていきますわ
出てきてください
昼も出てこなくなってしまいました

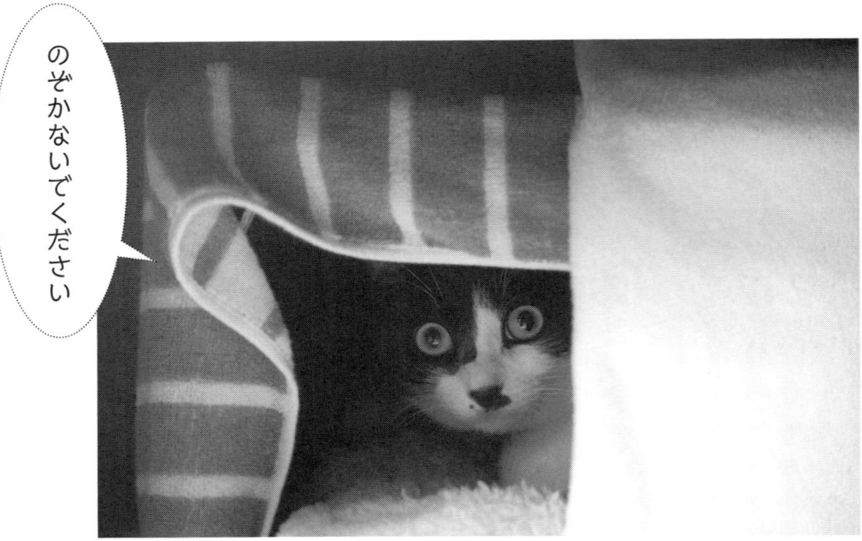
のぞかないでください

几帳面

家で残業中です…
あ〜ん終わらない
あら？私の寝る時間を知らせに来てくれたの？
でももう少し頑張るから先に寝ててね
いつもと同じ時間に寝なくちゃダメでしょ！
目力
早くお布団に入って！
こんなことしている時間はないのに〜
夜遅くまで起きていると怒られます
米子さんが寝た後に仕事再開です

楽園

米子さんが米子小屋から出た隙に
今のうちに小屋を掃除しなくちゃ！
掃除機
まず毛布を干し…
むんむん
あっ！米子さんの匂い
ん⁉
いい匂い〜
楽園はすぐそばにありました

大掃除

年末大掃除です
フローリングの溝って気になるわ
カリカリ
よし！次の部屋！
私どこにいればいいのかしら？
いつもと違う様子なので逃げ回っています
コンニチハ
こんな所まできたー!!
何もしていないのに疲れていました
ぐったり
今日の分は終わった〜
もう夕食作れない

疲れたわ〜

正月の告白

君が米子さんを引き取るって言った時
えっ?
本当は反対もしなかったけど賛成でもなかったんだ
でもさ…米子さんを見た時
大人になって初めて裏返った声が出たんだよ
恥ずかしいな
米子さんが来た当初ソファーの下から出てきませんでした
米ちゃんが出てきた～!
裏声
現在
お尻ポンポン好きでしゅね～
赤ちゃん言葉は恥ずかしくないんだ…
私もつい出ちゃうけど…

ファーストキス

米子さんは保護された時から口内炎があるのでお口が臭います
ダダダダ
そのあくびちょっと待ったー
ふあ～
でも私はその匂いが好きです
クンクン
お口の匂いいい匂い～
ちゅっ
え!?
ファーストキスは口内炎の香りでした

ごはんちゃん

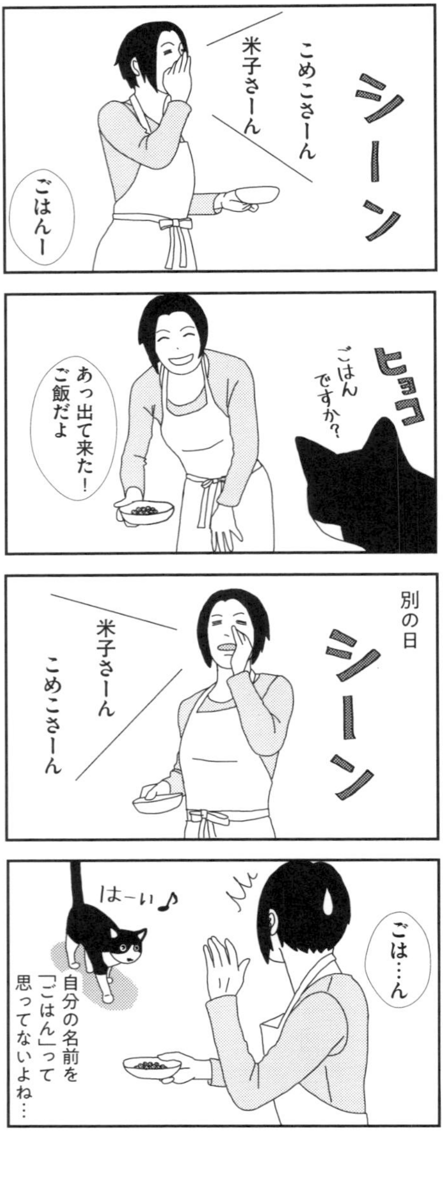

シーン
こめこさーん
米子さーん
ごはんー
ヒョコ
ごはんですか？
あっ出て来た！ご飯だよ
別の日
シーン
米子さーん
こめこさーん
ごは…ん
はーい♪
自分の名前を「ごはん」って思ってないよね…

膝に乗せよう

寒い日家中の暖房を全て消して米子さんを待っています
唯一暖かい場所（電気ひざ掛け）
今日こそ膝に乗ってくれるかな？
きたきた
知らんぷり
ピョン
何をやっているんですか？
あ…その…
何でもありません
すみません

二本目

歯が90度曲がっていました
ふぁ〜
歯が変な方向に曲がってる!!
キャー
病院
根っこが腐っているので自然に抜けるのを待つしかないですね
麻酔をかけて抜くと体に負担がかかるので勧めません…
夕方
あっ抜けてる!
ほっ
それから食欲が急増
♪
ずっと痛かったのかなぁ?
ごちそうさまですわ
好きだった口臭もなくなりました

もう痛くないわ!

お・ね・が・い♥

ナイス！

食欲が増したので朝ご飯をせがみに来るようになりました
ニャ〜
おきて〜
ニャ〜
まだ早いよ〜
今朝は…
起こしに来なかったな…
カリ
ポリ
うま
うま
あれ？
今朝米子さんがご飯くださいって起こしに来たんだ
コーヒー入れたよ
俺って頼られる存在！
まいったなぁ
やるなぁ米子さん…

黒い奴

米子さん寝てるかな？
ストーカーではありません（多分）
私が家にいる時は頻繁に米子さんの生存確認をします
どっどうしたの!!
ブルブル
ヒーン
ヒーン
今まで聞いた事のないような声で鳴いていました
はっ!!
カー
怖いよ～
うちの娘に何するだ～
母は強くあらねば！と思いますが怖いものは怖いです
よろしくね

雷

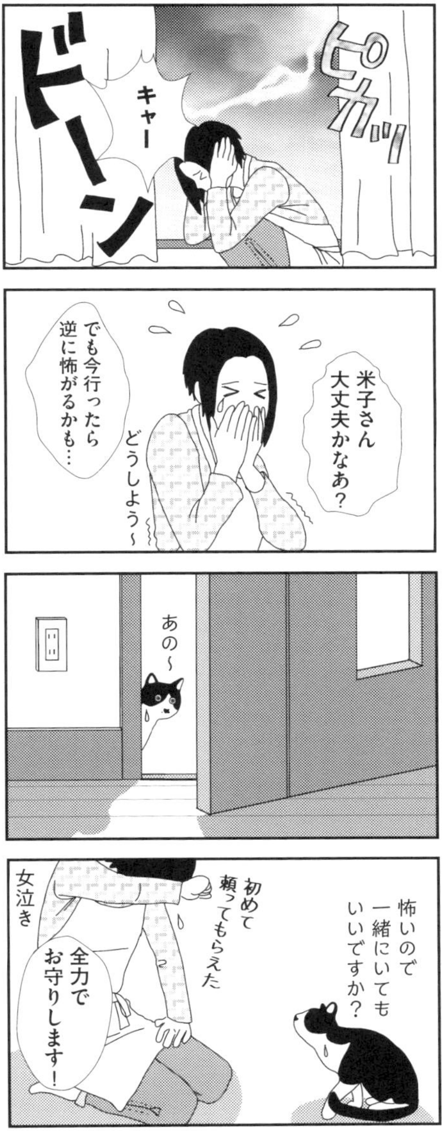
ピカッ
ドーン
キャー
米子さん大丈夫かなあ？
どうしよう～
でも今行ったら逆に怖がるかも…
あの～
怖いので一緒にいてもいいですか？
初めて頼ってもらえた
全力でお守りします！
女泣き

もう泣かないでね

優しい…のですが

米子さんはあまり水を飲まないのでどのくらい飲んだか計量カップで量っています
う〜ん今日もほとんど飲んでないなあ
どうやったら飲んでくれるのかしら…
よいしょ
しくしく
このままじゃ米子さんが病気になっちゃう…
どうしたの？私が慰めてあげるわ
ありがとう…
優しいのね
原因はあなたですよー

消防点検

消防点検です
はーい ご苦労様です
洗面器に水…？
こっちでーす
ここにも水!?
消火器
この水猫のなんです！本当です!!
隠れてるんです
ジョボ
ジョボ
？
猫？どこ？

ある朝

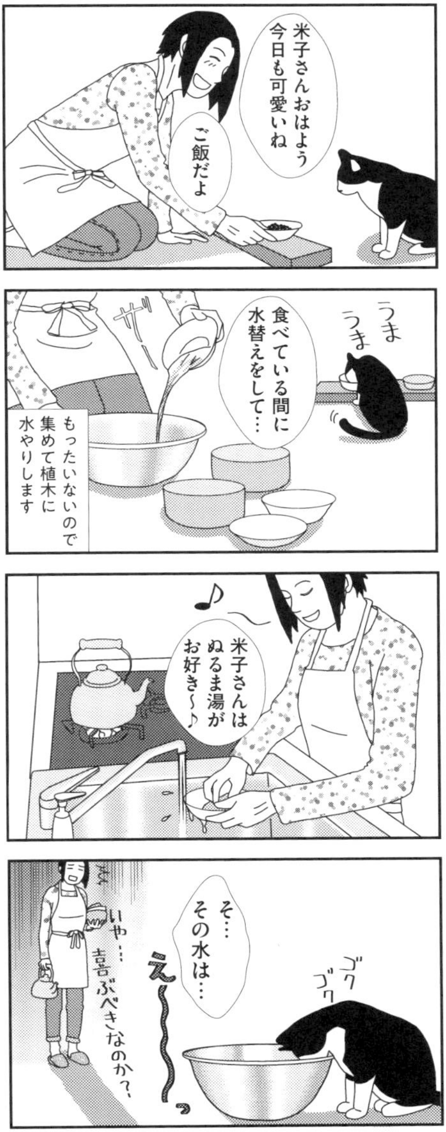
米子さんおはよう 今日も可愛いね
ご飯だよ
うま うま
食べている間に水替えをして…
ザー
もったいないので集めて植木に水やりします
♪
米子さんはぬるま湯がお好き〜♪
ゴク ゴク
そ…その水は…
え〜〜〜っ
いや…喜ぶべきなのか？

お土産

同居人が出張から帰ってきました
はい
お土産
ありがとー
わーい
何かな♪
釜め…し?
食べた後!?
ご飯粒?!
私の?
米子さんの水の器にしたらいいと思って♡
私のお土産じゃないの!?
ブーブー
水の器がまた増えました…

お風呂の残り湯を飲むのが好きという猫ちゃんが多いと聞きました

やってみたら「砂かけ」をされました…
(不愉快なので穴を掘って埋める行動)
ショックです…

私のだし汁だよ
美味しいよ
ザッ
ザッ

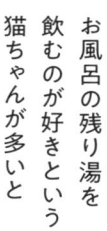

呼んだらすぐ来てね

鈴の使い方

我が家では「鈴」の事をGPSと呼んでいます
チリン
チリン
音で居場所が分かるからです
でも最近鈴を鳴らさずに動く技を取得したようです
いつからここにいるの!?
ハッ
びっくりした!
リンリン リン リン
リンリン
そして人間に用がある時鈴を鳴らすようになりました
サッ
お嬢様お呼びですか?
呼び鈴として使える事を覚えたようです

大好物

猫草

栽培途中を食べてしまう程
好きなので食べごろまで
隠して栽培している

米子さんの体の秘密 その④

第4章

The 4th year

大丈夫と思えた4年目

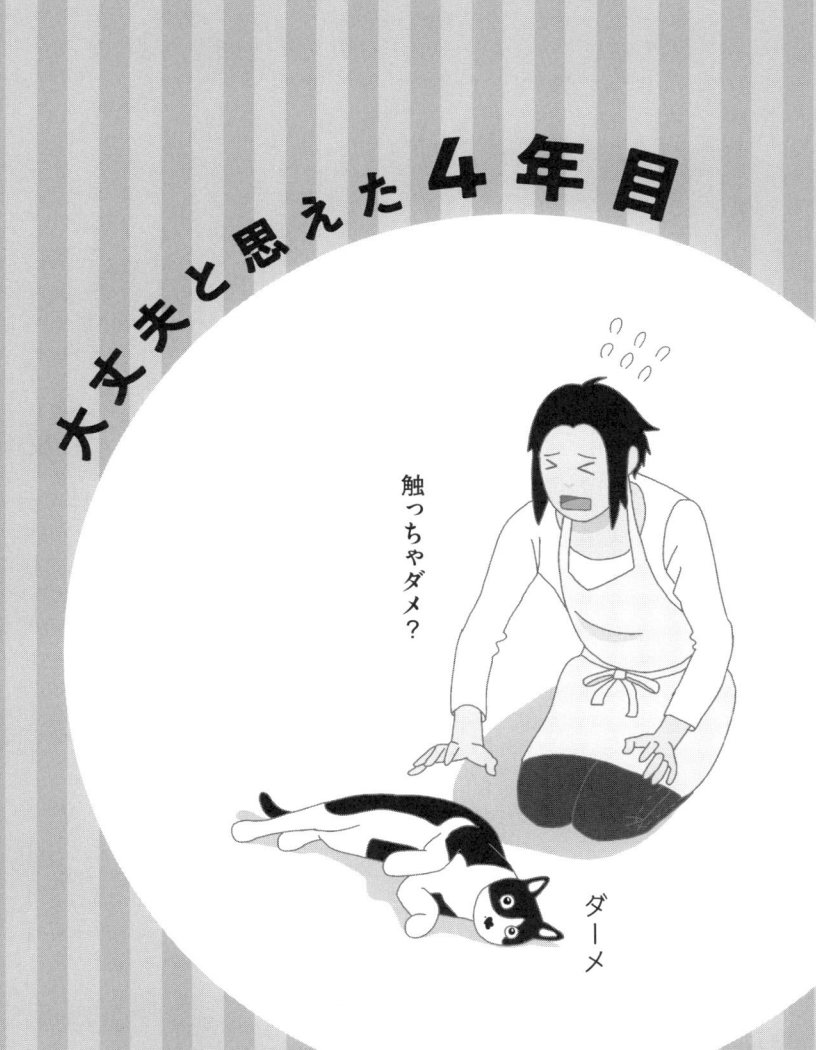

捕獲時の写真

米子さんを捕獲してくれた方から当時の写真を送ってもらいました
えっ…
鼻を怪我して毛がありません
なんだかボロボロです…
包帯
弟の麦男（現レオ君）は猫風邪がひどかったのでそのまま入院
初めてひとりぼっち
ぽつん
えらいぞ
小さな体で頑張ったね～
?
辛かった過去を一切見せずに毎日たくさんの幸せを私達に与えてくれます

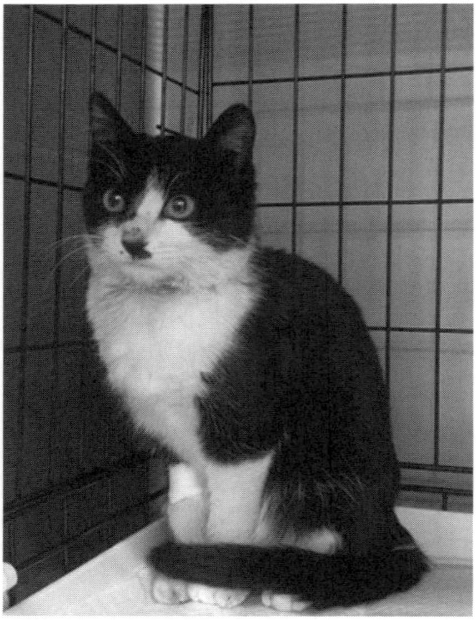

捕獲された時の写真です

家族

乳児用の歯ブラシを見つけました
子供 歯ブラシ
あら これ米子さん用に ぴったりの大きさね
お得
大特価
希望図
これだと 歯磨きが 出来るかも！
まだ何も していない じゃないの
見せただけで 隠れましたが
ウ〜〜
我が家に 歯ブラシが 一本増えました
なんだか ちょっぴり 嬉しいです

※猫用歯ブラシは全滅でした

腹痛

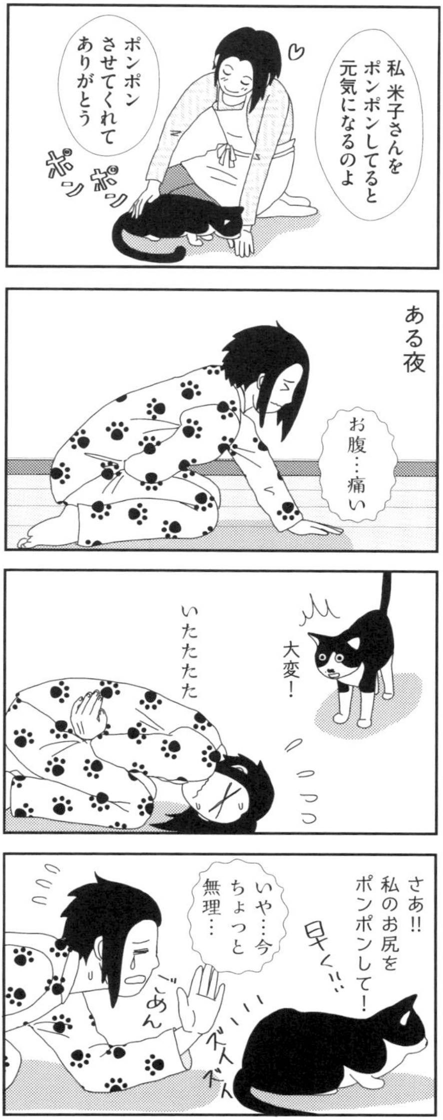
私 米子さんを ポンポンしてると 元気になるのよ
ポンポン させてくれて ありがとう
ポンッ ポンッ
ある夜
お腹…痛い
大変！
いたたたた
さあ!! 私のお尻を ポンポンして！
早く!!
いや…今 ちょっと 無理…
ごめん

自分の部屋

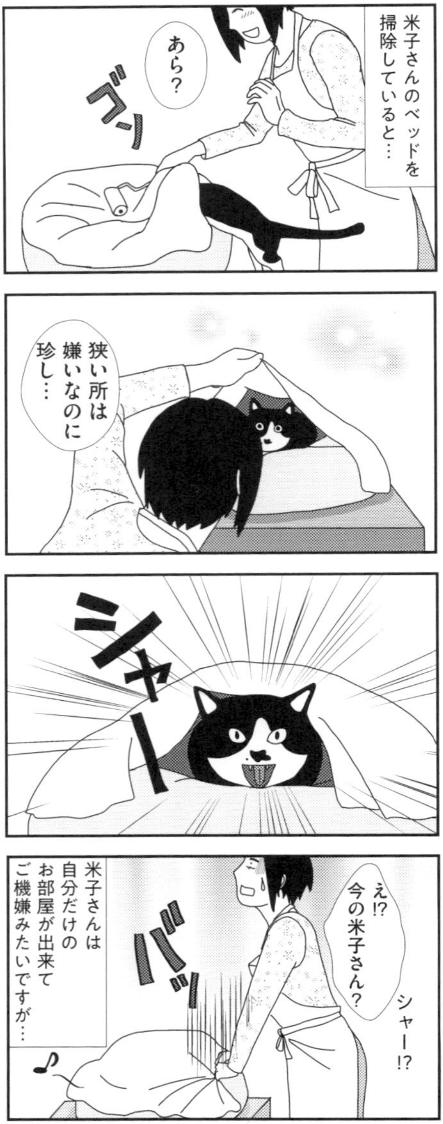
米子さんのベッドを掃除していると…
あら？
ゴソ
狭い所は嫌いなのに珍し…
シャーー
シャー!?
え!? 今の米子さん？
バッ
米子さんは自分だけのお部屋が出来てご機嫌みたいですが…

カレー

美味しいささみが手に入りました
うふふ♪ ちょっと奮発しちゃった
米子さん用にミンチにして茹でます
本日は高級ささみ茹で汁ソース添えでございます
お肉高かったから同居人には内緒ね
全く食べなかった…
たくさん作ったのに…どうしよう
今日のカレー美味しいね!
あ…そ…そう？ い…いい肉なの
今夜は高級ささみのキーマカレーです

宇宙人

私は「カワイイ星」からやって来たカワイイ星人
カワイイ星
宇宙船
地球では「猫」と呼ばれているわ
弟と地球を侵略しに来たの
まず地球人をメロメロにするのよ
会議中…
分かった！姉ちゃん
今日は逃げないで居てくれるね
めろ
めろ
なんていい子なの
この家の地球人は簡単ね
ニヤリ
今日は年に一度のワクチン接種の日です
たすけて〜
米子さん
捕まえられて良かった♪
地球侵略頑張ってね！

侵略に来ました！

真剣白刃取り

さあ追い詰めたわ
病院に行くわよ！
ここまでは予定通り
この後…右に逃げるか
それとも左に逃げるか…
いざ勝負!!
獲ったー
病院の予約時間に間に合う！
真剣米子取りを習得しました

イメージトレーニングを電車内でしていました

怪しい手つき
モミモミ

不審者で捕まらなくて良かったです

COLUMN

便利な洗濯ネット

洗濯ネットに入れてしまえば逃げられないので、キャリーバッグを持っていなくても運べます。粗い目のネットだと、病院でそのまま注射が打てるし、爪も切れる便利グッズです。

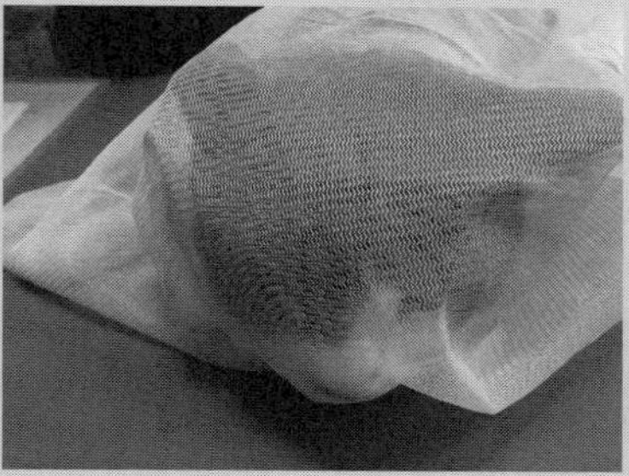

過保護

米子さんのワクチン接種は二人で行きました
米子さん
さあ病院に行こう!
いや〜
病院待合室
あはは…
米ちゃ〜ん僕がいるから怖くないよ
診察中
フムフム
メモを取らねば
先生
夕食時
二人で行くのって過保護な親バカっぽくて恥ずかしいんだよね
えーっ

おさわり禁止

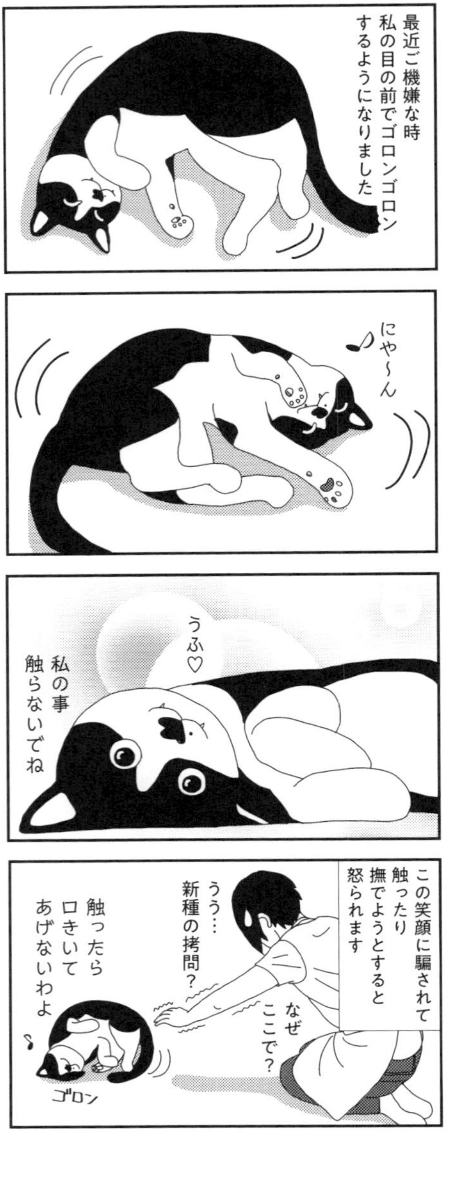
最近ご機嫌な時
私の目の前でゴロンゴロン
するようになりました
にゃ〜ん
うふ♡
私の事
触らないでね
この笑顔に騙されて
触ったり
撫でようとすると
怒られます
うう…
新種の拷問？
触ったら
口きいて
あげないわよ
なぜ
ここで？
ゴロン

紙の上

米子さんが
苦しそうです
ケコ
ケコ
!!
これがあの噂の
「毛玉を吐く」
前兆!?
初めて
見た〜!
紙で受け止めるといい
って何かに書いて
あったわ
早く!!
新聞？
えっと…
チラシ？
間に合った
さあここに
思いっきり
出して!!
？
吐かずに
紙の上に
乗ってきました…
ここに乗れば
いいの？
そうじゃ
なくて…
大丈夫？

えー、恥ずかしいわね

叫び

米子さんが
トイレ大をした後
外に向かって
吠えていました
アオーン
ちゃんと
トイレしたのね
えらいね～
アオーン
うんこ
出たー
そんなに気持ち
良かったんだ！
アハハ
アオ～ン
うんこ
でたー
よしっ私も一緒に
吠えてあげるね
やだ！
窓が開いてる!!
まったく…
ご近所さんに
丸聞こえでした…

水飲み

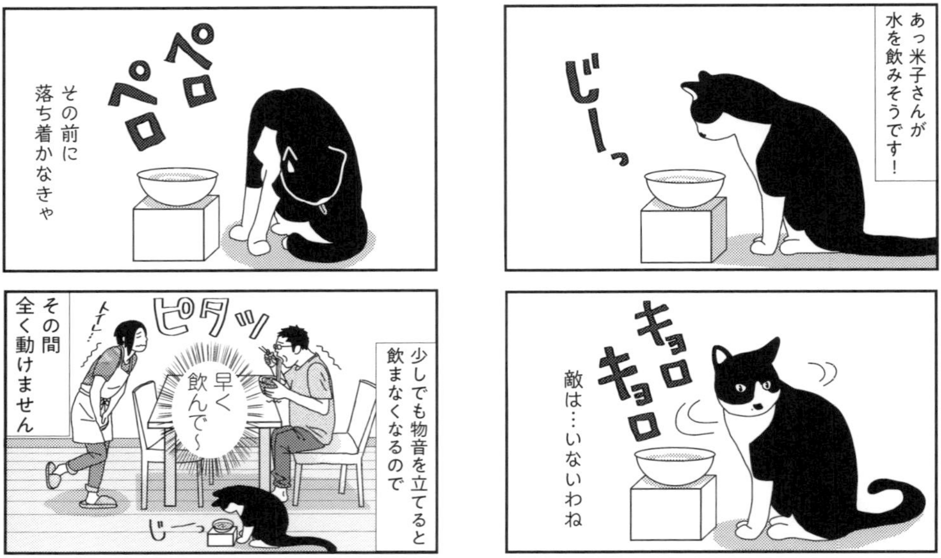

あっ米子さんが水を飲みそうです！
じーっ
その前に落ち着かなきゃ
ペロペロ
敵は…いないわね
キョロキョロ
少しでも物音を立てると飲まなくなるので
ピタッ
早く飲んで〜
その間全く動けません
じーっ

そして2コマ目に戻る…

飼い主は
敵がいないか、高い所から
見張らされている
サバンナのキリンのようです

敵がいないか
見張ってください

亡霊

我が家の部屋のドアは通常全て開けています
でも夜になると1つだけ閉めてしまうドアがあるの
なぜ閉めてしまうのかしら…
ボワッ
ヒィ～!!

やだ、怖いわ

親孝行レオ君

米子さんの弟「レオ君」の飼い主から連絡が来ました
えっ…
とても甘えん坊になり母の膝から下りません
ボク幸せ
体重も６キロになりお姉ちゃんの倍になりました
毎晩母が持ち上げて家中を歩いています
ワーイ♪
お母様80歳だったよね!
高い高い
６キロ持ち上げて歩くの!?
なんてお元気!!
米子さんも膝乗って〜
ほら見て〜
ウチはウチ!ヨソはヨソ!

デビュー写真

「米子さんと飼い主さんのツーショット写真をください」と仕事の依頼が来ました
痛い!!
何するのよ
後ろ足キーーック!!
早く撮って〜
離れすぎだよ!
今なら撮れる!
ザザザッ
えっ?
ガラス越し
これでどう?
後ろに何か気配が…
ペタッ
結局…「飼い主さんの顔はなくていいです」と言われました…
…うん
心霊写真…だね

セクハラ

あっ うんこした！
トイレの後は綺麗にしなくちゃ。
レディですもの
ペロペロ
うわっ 今日は立派だなあ
ねえ 来て来て！早く!!
いい うんこでしょ
あら！本当に立派ね〜
よっ！宇宙一のうんこ！
ほら!! 見て
うんこ大会があったら優勝ね！
さすが米子さん
もうやめて〜!! セクハラですわ

厳格な審査基準はありませんが
今日はうんこ大会3位だよ！
ちょっと小さいのねー
我が家はこれで分かります

平常心

病院に連れてきました
タスケテ
クダサイ
ブル
ブル
出てきてね
いや〜
オロ
オロ
ああっ！ここは飼い主の私が落ち着かせなければ！
いつも通りの事をすれば落ち着くはず！
米子は可愛いにゃんにゃんにゃ〜ん♪
しまった！いつもの変な歌歌っちゃった！
こめこ〜♪
そのまま歌ってあげてくださいね
先生…歌い続けるの拷問です

有頂天

爪を切るため病院に連れてきました
やだ〜顔がまん丸！可愛い〜！
そ…そうですか？
受付
待合室
まあ！可愛い猫ちゃんね
いえ…それほどでも
治療中
この子子猫の時から美形なのよね
えへへそうですか？
帰り
キャー♡
いやー
明日も行こうよ！
みんなに褒めてもらって嬉しいね♡
米子さんは受難の日

見つけてくれなくて
寂しかったの…

かくれんぼ2

最近 同居人と
米子さんの間で
ただいまー
帰ってきたわ
かくれんぼが
流行っています
あっ
米子さん
みーっけ!
見つかっ
ちゃったわ
うふふ
ただいまー
腹減って倒れそう〜
昼飯食べ損ねた
すぐ支度
するね
夜
米子さん!
ずっとここで
待ってたの!?
誰も見つけて
くれないの…

モーニングコール

朝米子さんの鳴き声が聞こえました
ニャーニャーニャー
ハッ
米子さんの鳴き声！
ガバッ
やっと来たわね
こっ米子さん大丈夫!?
目覚ましアラームに携帯を使っています
あっ！こんな所に携帯が！
米子さんが起こしてくれなかったら遅刻してました～
今日は大事な打ち合せが…
まったく…世話の焼ける飼い主ね…

出張中

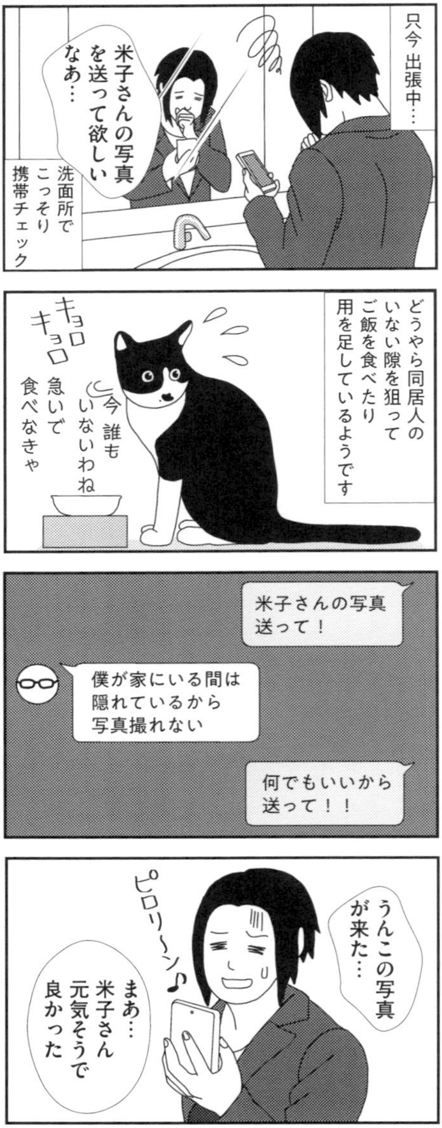
只今出張中…
米子さんの写真を送って欲しいなあ…
洗面所でこっそり携帯チェック
どうやら同居人のいない隙を狙ってご飯を食べたり用を足しているようです
キョロキョロ
今誰もいないわね
急いで食べなきゃ
米子さんの写真送って！
僕が家にいる間は隠れているから写真撮れない
何でもいいから送って！！
ピロリ～ン♪
うんこの写真が来た…
まあ…米子さん元気そうで良かった

浮気はダメー

浮気

米子さんの譲渡元保護猫カフェに遊びに行きました
子猫可愛い！
お膝に乗ってくれるの？
猫ってあったかい幸せ〜
帰宅
スッスッ
こそっ
米子さんに気づかれないうちにお風呂に入って猫の臭いを消さなきゃ！
急げ！
猫の臭いがするわ〜
この状態が2日続きました…浮気はばれますね

意見の違い

同居人と私の意見は
米子さんがこんな所に！
いつも違います
私の想像
もう！じろじろ見ないで！
同居人の想像
見て見て！こんな狭い所に入れたのすごいでしょ！
でもここだけは一致しているようです
可愛いなあ…

猫じゃらし

米子さん一緒に遊びましょ！
ほーら
興味ありませんわ
今は隙間掃除に使っています
曲がるから埃が良く取れるのよね～

犯人は誰？

爪切りにチャレンジしました
イった!!
←洗濯ネット
にゃんにゃんにゃ～ん
♪～
最後の一本！
ニャー
パチン
切った直後
今突然袋をかぶされて酷い目に遭ったの
怖かったわ～
あれ？誤解してる？
それは大変だったね～
2時間後…
あの酷い人あなたよね？
ばれた！
ゴゴゴゴ

洗濯ネットでこんなの作りました

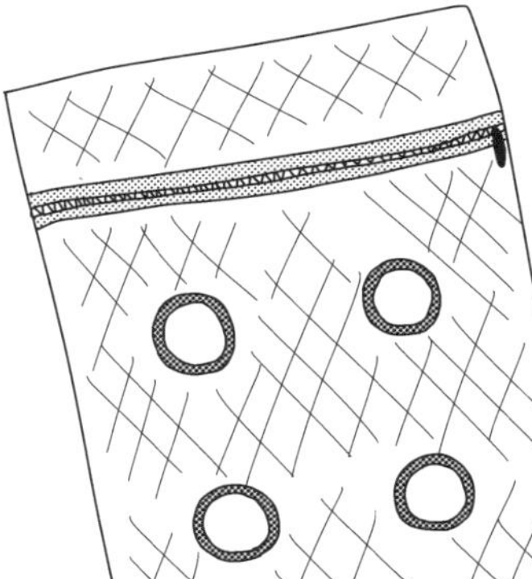

足が出る穴は縁取りテープを縫って
補強しています

でも、逃げ腰ですね(笑)

嫌われたくない

あれ?
米子さんが逃げないなんて珍しいね
ポンポン
へへっ実はね…
米子さんのために…
タバコやめました!
ドヤ
くさくないよ
パチパチパチ
おおーっ
「タバコは何があっても絶対にやめない!」と宣言していたのに…米子力すごいなぁ
そうね

COLUMN

猫砂&トイレ

米子さんは「おしっこしない」「水を飲まない」で随分心配してきましたが、猫砂を替えたらどちらも解決しました。ただ、今使っている猫砂がいつまた嫌いになるかもしれないので、今は トイレ別に3種類置いています。トイレの種類は、初めは隠れて用を足すカバータイプのトイレでしたが、「ビビりの猫は周りを確認しながら用を足す方が安心する」という事を聞き、現在はカバーなしのトイレも使っています。

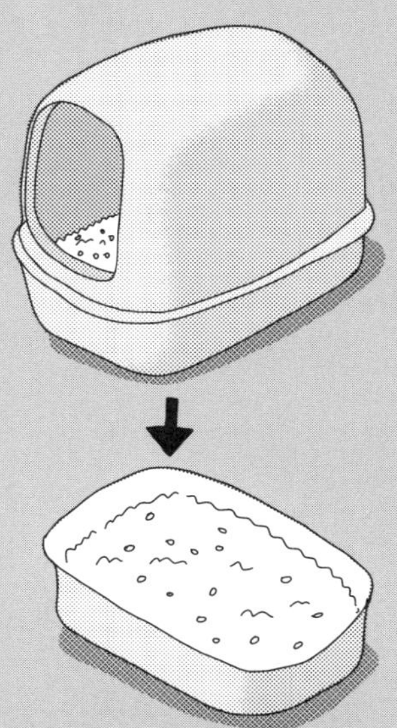

猫砂2

やばい…
40時間もおしっこをしていない…
夜中3時…救急病院に連れて行く?
それとも朝まで待つ? いや…
今私に出来る事は…
そうだ!
猫砂の素材を替えてみよう!
ザー
いつもおから素材の猫砂を使っていますが紙製の猫砂に全部取り替えました
夜明け前
おからの猫砂が嫌で我慢していたみたいです…ごめんなさい
ザッ ザッ ザッ
あっ出た!
人が部屋にいると用を足さないので外で待ってる

二段ベッド

気温が下がったので
米子さんが寒そうに
小さくなって寝ています
今年も「米子小屋」を作る時期か…
今年は私のベッドの下に設置しようっと
米子さんと二段ベッドになりました
キャー 一緒に寝てる!!
ねぇ 米子さん もう寝た?
♪
私の下で寝ていると思うと嬉しくて眠れません!

ゆめ

ぐっすり
ピク
ピク
♪
モグ
モグ
狩りが成功して獲物を食べている夢かしら?
猫は恐怖を感じるとしっぽが膨らみます
ボワッ
う~ん う~ん
ハッ
米子さん!起きてー!!
夢!?
食べている時何かに襲われたようです

敗北

一度も入ってくれない椅子の下のハンモック…
米子さんの爪伸びたよね
今日切りますか…
我々には改造洗濯ネットがあるから
フフフ
爪切りなんて簡単さ
米子さん見つけ…
切らないでね お・ね・が・い♡
キュン
ハンモック気に入ったのね
キュン
そんな顔されたら切れない〜
爪切りは延期です…

ここにいれば大丈夫ね

相づち

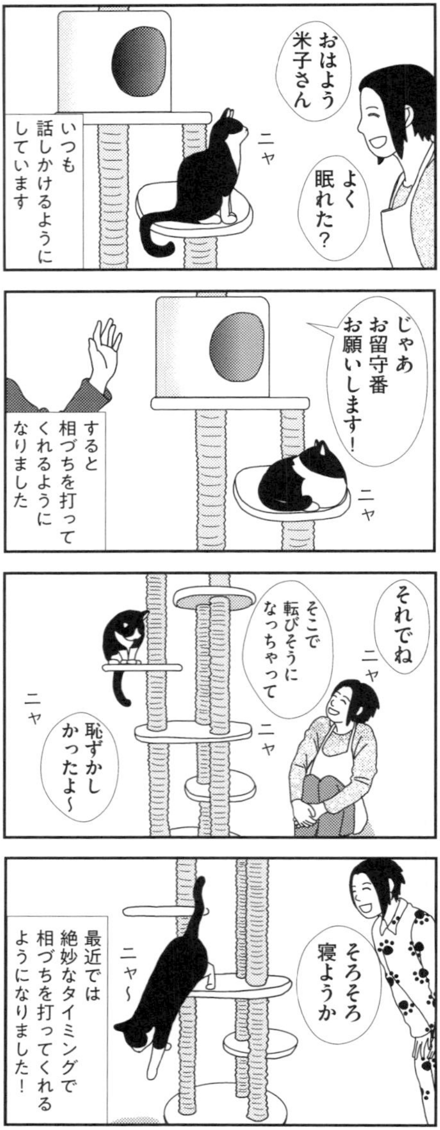
おはよう米子さん
ニャ
よく眠れた?
いつも話しかけるようにしています
じゃあお留守番お願いします!
ニャ
すると相づちを打ってくれるようになりました
それでね
ニャ
そこで転びそうになっちゃって
ニャ
恥ずかしかったよ〜
ニャ
そろそろ寝ようか
ニャ〜
最近では絶妙なタイミングで相づちを打ってくれるようになりました!

初お迎え

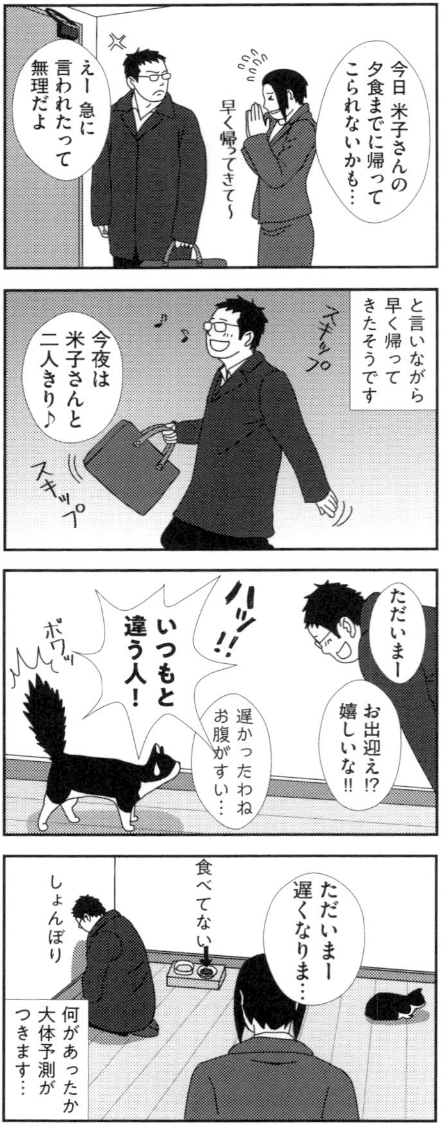
今日米子さんの夕食までに帰ってこられないかも…
早く帰ってきて〜
えー急に言われたって無理だよ
と言いながら早く帰ってきたそうです
スキップ
今夜は米子さんと二人きり♪
スキップ
ただいまー
ハッ!!
いつもと違う人!
ボワッ
お出迎え!? 嬉しいな!!
遅かったわね お腹がすい…
ただいまー遅くなりま…
食べてない
しょんぼり
何があったか大体予測がつきます…

風邪

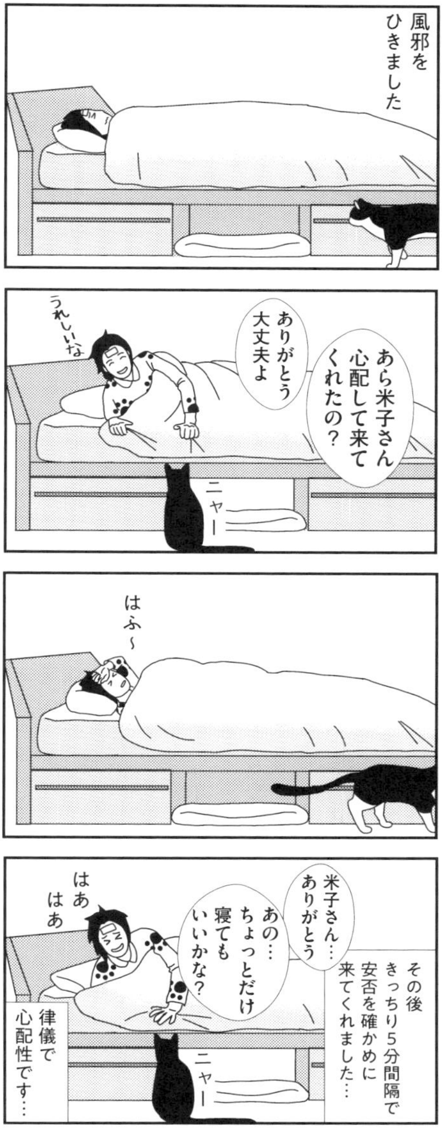
風邪を
ひきました
あら米子さん
心配して来て
くれたの?
ありがとう
大丈夫よ
うれしいな
ニャー
はふ~
米子さん…
ありがとう
あの…
ちょっとだけ
寝ても
いいかな?
はあ
はあ
ニャー
その後
きっちり5分間隔で
安否を確かめに
来てくれました…
律儀で
心配性です…

その後
同居人に風邪が
うつりました…

米子さん
看病に行って
あげて!
米子さん
つらいよ~
えー
コホ
コホ

雨ニモマケズ

ゴハンヲ食ベタラ
ホメラレ
食べました
全部食べたのね!
偉いわー
トイレヲシタラ
ホメラレ
あの…
片づけて
いただけますか?
ちゃんとトイレ
出来たのねー
お利口さん
昼寝ヲスルト
ホメラレ
Z Z Z
可愛い
寝顔♡
ソンナ家猫ニ
私ハナリタイ
ギュウ
ギュウ
満員電車

信頼関係

飲み水の器の近くで
本を読んでいたら
あら?
どうしたの?
キョロ
キョロ
なんと
目の前で
水を飲みました!!
私の事…信頼して
くれるようになって
きたのね…
今まで人がいると
警戒して飲まな
かったのに!
でも
逃げる

キャットウォーク好きなの

宝くじ

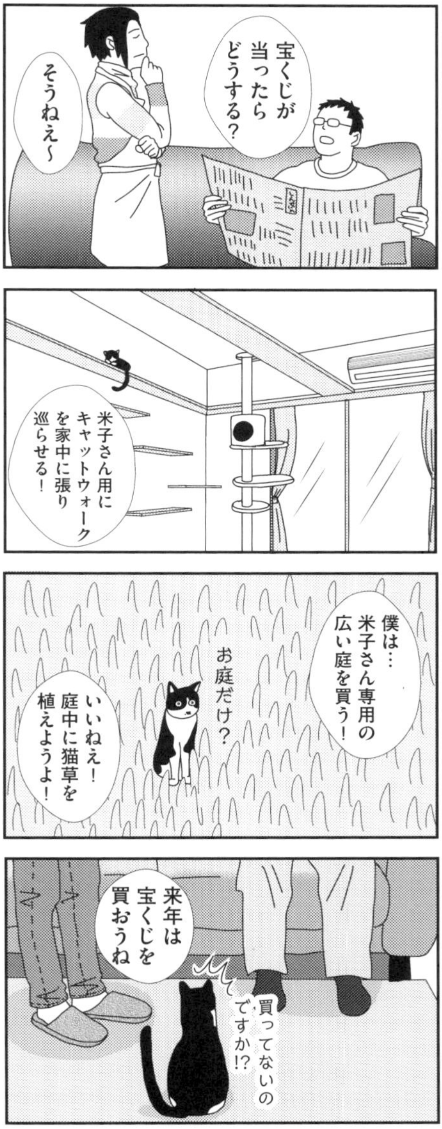
宝くじが当ったらどうする？
そうねえ〜
米子さん用にキャットウォークを家中に張り巡らせる！
僕は…米子さん専用の広い庭を買う！
お庭だけ？
いいねえ！庭中に猫草を植えようよ！
来年は宝くじを買おうね
買ってないのですか!?

アニマルセラピー

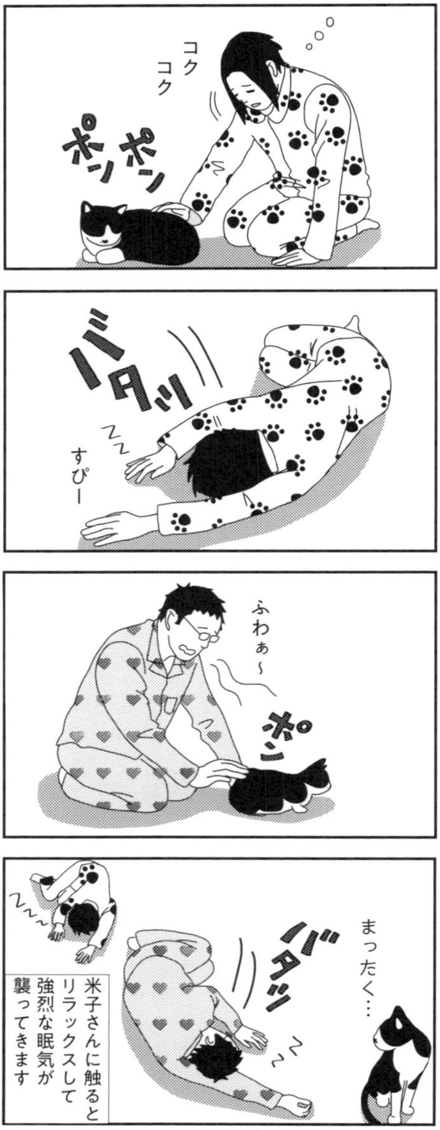

コク
コク
ポンポン
バタッ
すぴー
ふわぁ～
ポン
まったく…
バタッ
米子さんに触ると
リラックスして
強烈な眠気が
襲ってきます

読解力

キョロ
米子さんが外を見たがっているよ！
はいっ!!
シャー
サッ
了解っ！
違う!! 部屋を出たいみたいよ！
ドア開けて！
キョロ
米子さんが首を動かすたびに大騒ぎです
違う!!?
ポリ
ポリ

はい！　ここまで足上げて！

ヨガ

お正月に
食べ過ぎたので
ヨガを始めました
ううっ
プルプル
グニャリ
この辺まで
上げるらしい…
グググ
うひ〜っ
ピシッ

年末年始

年末
ピンポーン
ヒーッ
忙しい忙しい
宅配便だ
元旦
隠れて出てきませんでした
しーーん
二日
あっもう出てきた！
じーっ
米子さんなりの愛情表現ね
後ろ向きだけどね
これでも精一杯甘えている
ちょこん

朝ご飯

いつも朝ご飯は半分残して残りは昼に食べます
ご馳走様でしたわ
今朝は全部食べたのね！
珍しい！
美味しかったです
ペロ
昼
あれ？
?
空
あの…残しておいたご飯
今朝全部食べたやん！
間髪を容れないツッコミ
疑
私が片付けたと思っている疑惑の目でした

マグロよりお昼寝の方が好きなの

違いのわかる女

レディ達
好きだろ
奮発して
マグロのさく
買ってきたよ
フフフ
うれしい
米子さんに
お裾分け
してみない？
なあに？
お刺身って
言うんだよ
初めて
食べるね
プイ
いりませんわ
食べないの!?
エヘヘ…
実は安かった
んだ
え〜
残りは飼い主が
美味しく
頂きました

テロリスト

家で仕事中…
カタ
カタ
うーん
疲れた～
コーヒー持ってこようっと
♪
電気ひざ掛けを乗っ取られました…

圧力鍋

じーっ
何をしているんですか？
あっ 米子さん危ない危ない！
圧力鍋
シューーッ
圧力鍋って怖いよね…
そうね
一緒にいてくれると心強いです

SOS

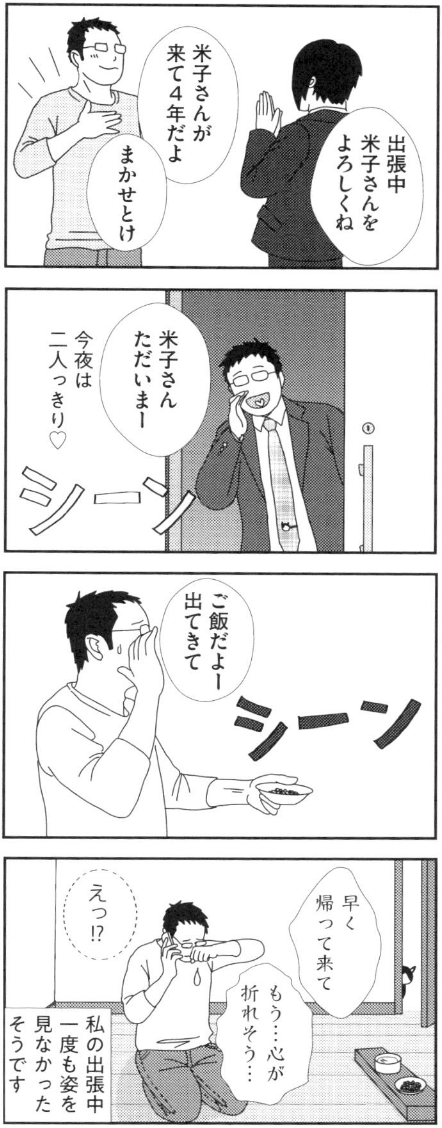
出張中 米子さんを よろしくね
米子さんが 来て４年だよ
まかせとけ
米子さん ただいまー
今夜は 二人っきり♡
シーン
ご飯だよー 出てきて
シーン
早く 帰って来て
もう…心が 折れそう…
えっ⁉
私の出張中 一度も姿を 見なかった そうです

うちの子です

譲渡元の 猫カフェに 電話中
ここにいる 時は膝に乗って いましたよ
エーッ 米子さんって膝に 乗るんですか？
昔 膝に乗って いたのなら
どうして 私の膝には 乗らな…
はっ
必死に 媚びてた⁉
いい子にする ので捨てないで ください
うちにずっと いられると 分かったから
もう乗る必要 ないのね…
嬉しい…

米子さんの体の秘密 その⑤

体長
伸び縮みするので
測定不能
体重
だいたい3.2キロ
リンゴ11個分
チャームポイント
口元のほくろ
毛の長さ
中毛
耳
ラウンド形
目
まん丸
鼻の模様
黒くてちょび髭風

ルミちゃん亡くなったんですか？
後に弟・麦男の里親になります
歳だから大往生なんだけど…
猫餌売り場で
もう買わなくていいかと思うと悲しくて…
ペットロスだったなぁ…
猫カフェとやらに行ったら
少しは気が紛れるかな？
あっあった
猫カフェ猫茶家
〜ネコと一緒にお茶が飲める店〜
私は猫には興味ないけど…誘ってみよう
NEKOCYAYA
こんにちは

こんにちは保護猫カフェは初めてですか？
だあれ？
保護猫ってなんだろう？
うわぁ猫がいっぱい…
猫に興味なし
はっ！

バキューン
な…なにあの可愛いの…
フラ
米ちゃんが人前に出て来るのは珍しいわね
この子は里親募集中なんですよ
しっぽの巻き方と座り姿に惚れました！
えっあ…アレ貰えるんですか？
興奮しすぎて言葉が発せない
アレって失礼ね！

米子と麦男は飼育放棄されて捨てられたらしくて
少し人が怖いみたい
姉弟一緒に貰ってほしいけれど
ねえちゃーん
シャー
無理…みたいね
麦男は風邪をこじらせて
片方の眼が白く濁っちゃったの
ボク？
見えるから平気だよ
知らなかった…
外猫って大変なんですね…

2〜3週間 預かってみる 「トライアル」制度 があるので
試して みますか?
はい!
その夜
ねえ 猫飼っても いい?
えー僕 犬派なんだけど
全く 興味なし
君が世話 するなら 別にいいよ
やったー
是非トライアル お願いします!
ではその前に 審査をしますね
審査?

譲渡の主な条件（猫茶家さんの場合）
●ペット可の家に居住
●社会人で経済力のある方
●60歳以上や独身者は保証人が必要
●ワクチン接種、健康診断など最後まで猫の健康管理を行える方
●完全室内飼いが出来る方
私籍を入れていないから保証人が必要だわ！
身元確認をこんなにしっかりやるのね

そしてトライアル当日に部屋をチェック
絵に飛び乗りますよ
危
危
危
危
テレビは固定してくださいね
盲点がたくさんありました

チェック後米子さんがキャリーから登場！
米ちゃん新しいおうちよ
いらっしゃ…
シュワッ
そのままお隠れになりました

米子さん写真館

ブログでおなじみの米子さん写真、
いろんな表情を厳選しました。
このお姿に我が家はメロメロです。

ハロウィンの時の仮装です。一応女の子ですよ

米子さん専用ストーブ。嬉しそうに笑っています

ご飯を食べてご満悦「美味しかったわ」

はじめまして 米子さん

捕獲当時の米子さん。
鼻を怪我しています

米「弟は私が守る！」
麦「よろしくねー」

カーテンの後ろに隠れて日光浴

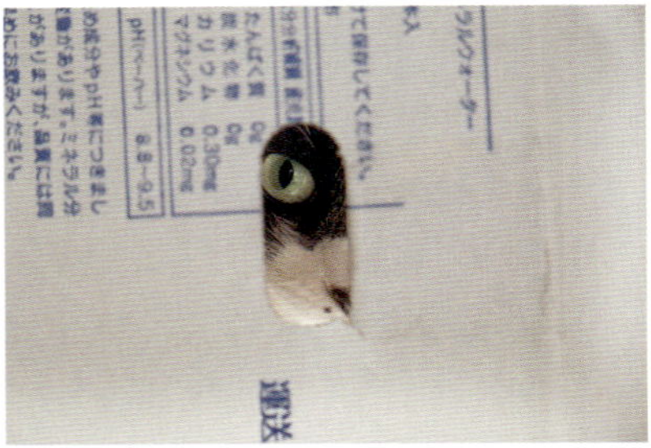

人を全く信頼していない目でした

米子さん ベストショット集

この台、手作りです。乗ってくれてありがとう

花嫁さんのブーケみたいになりました

米子さんお気に入りの棚。本は全てどけました

昼間はこのベッドで暮らしています

いろいろ米子さん

チベットスナギツネってご存知ですか？　こんな顔です

私がアレルギーなので、洗います

おしゃれしたのに大あくび

「ちょっと！撮らないで」

暑くてへばっています

走る前の、お尻フリフリの状態です

舌を出して無防備な寝顔

お鼻をくっつけて寝るのが好きなようです

「X（エックス）寝」と言うそうです

あらわな寝姿を望遠レンズで盗撮しました

ごはんの写真教室

僭越ですが

ブログで大変ご好評いただいている米子さん写真。
「どうやって撮っているのか知りたい」という声にお応えしてみました。
携帯でも簡単に可愛く撮れるコツを大公開!

写真を撮った後、こんな事をしていませんか?
うまく撮れなかったなぁ…
これは猫にとって
大好きな飼い主をがっかりさせる「写真」って
大嫌い!

このように猫の心を傷つけてしまい写真を撮られるのが嫌いになる場合が多いのです

他にも撮られるのが嫌いになる行為

グイッ

いきなりグイッとカメラを近づける

カシャ
カシャ
カシャ
カシャ
カシャ
カシャ

シャッター音に慣らそうと音を鳴らし続ける

1. 写真を撮る前に一言

2. 撮影は褒めながら！

3. 液晶モニターを見る前にすぐ褒める！

4. たくさん褒めた後に写真を確認しましょう！

1. 猫と同じ視線で撮りましょう

猫が下にいる場合は
低い姿勢になって
自然な表情を
撮りましょう

岩合さんも
姿勢を低くして
撮っていますよね

2. おもちゃを使って猫の目線をカメラの上に

上目遣いになり
目がパッチリ
まん丸に
撮れます

可愛いね
最高だよ
いいね
いいね

私は1も踏まえて
こうやって
撮っています

3. 直射日光を避けよう

直射日光が当たると
明暗が強くなり
黒い部分は黒く潰れ
白い部分は白く飛んで
しまいます

レースのカーテンで
直射日光を遮ると、
光が柔らかくなります

4. 光の反射（レフ板）を利用しよう

白い物の上に乗ってもらうと光の反射で
影が薄くなり毛がフワフワに撮れます

おまけ

女性もしわが目立たなくなってキレイに写りますよ
私は自動車免許の写真の時、 白いカバンをレフ板の代わりにしています

1. 望遠を使いましょう

望遠画角

望遠の特徴として
画角が狭くなるので
猫が強調されます

広角画角

猫が目立たず
部屋の散らかりも
入ってしまいます

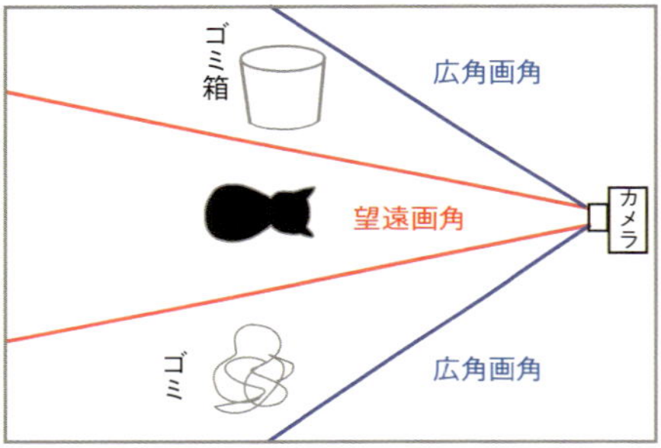

離れた場所から撮れるので
怖がられず、自然な表情が撮れます

2. 連写モードにして 動きを止めて撮りましょう

シャッタースピードが
変えられる場合は
1/1000 秒以上

最後に、
「撮られるのが苦手」という猫もいると思います。
米子さんも好きではありません。
嫌がっている時は無理に撮らない、撮り終わったらすぐに
褒めたりおやつをあげたりして「撮られる＝楽しいこと」
と関連づけてあげてください。
「可愛い！」と思った瞬間がシャッターチャンスです。
あまり難しく考えずに楽しんで撮ってください。
「よーし、いい写真を撮るぞ！」と意気込むより
「撮らせてもらう」という気持ちを大切に！

猫を迎えるためにまず揃えるもの

たくさんの保護猫を扱ってきた米子さん譲渡元の保護猫カフェ主人に聞く、必須グッズ3種

1. トイレ

我が家の米子さん用トイレは３つあります。下のイラストのような２つの他にシステムトイレがありますが、こちらは最近使ってくれません。２つの置き場所はソファの背と壁の間。人間の目につかない静かな場所に置いています。猫砂は紙製の固まるタイプで、トイレ毎に大粒と小粒のものを使い分けています。

米子さんは
無臭で固まる紙砂の
小粒タイプがお好き

トイレは猫の重要アイテム。ちゃんと選びたい!

猫砂やトイレの形が合わないと粗相してしまったり、おしっこを我慢して泌尿器系の病気にかかる心配もあります。システムトイレは検診用に尿を採取しやすくて便利です。また、固まる猫砂には尿の状態によって色が変化する商品もあります。

2. ご飯入れ

猫のヒゲはとても敏感なので、容器に触れるとゆっくり食事できません。ご飯用の器はなるべく平らなものを選びましょう。また、米子さんは食べやすいように器の位置を少し高くしています。

少し高い方が
食べやすいわ

3. 水入れ

200cc以上入り、倒れにくい重めの器がおすすめです。水を飲まないと排尿しにくくなり、結石や腎臓系の病気が心配になります。水入れは数か所に置き、毎日新鮮な水に替えましょう。我が家は現在６個!

我が家の水入れ達

保護猫カフェ・猫茶家監修コラム②

ひと目で分かる 米子さんの気持ち

しっぽ編

ビックリ

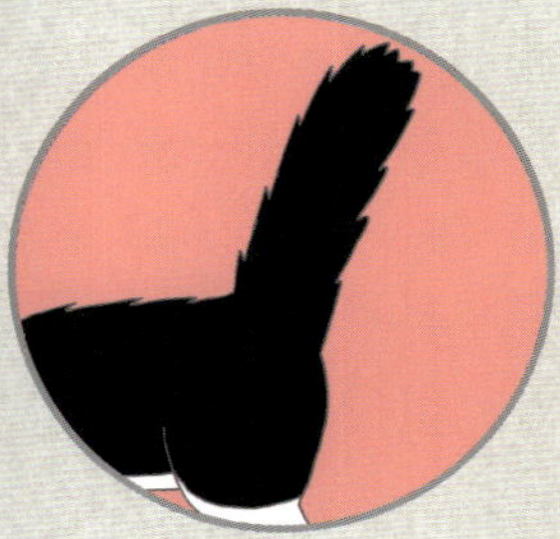

何かに驚いたり、怯えた時、しっぽの毛を逆立てて、タヌキ？と思う程膨らみます。体を大きく見せて「近づかないで！触らないで」というサインです。

かまって

ピンとのびたしっぽの先が少し曲がっている時、これは、かまって、というお誘いのポーズです。こんな素敵な仕草は見逃せませんね！

ごきげん

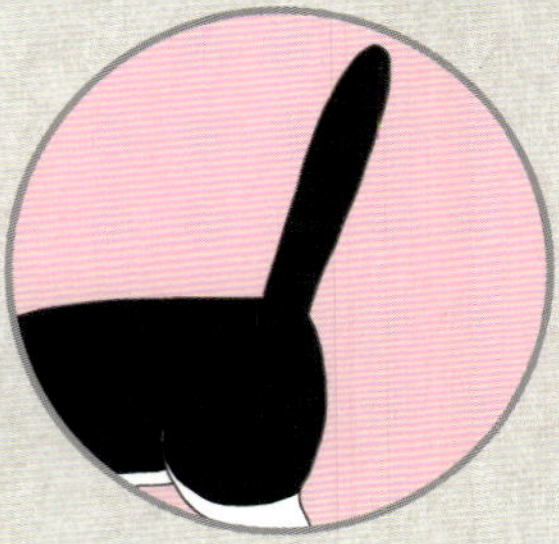

しっぽの先までピンとのばしていたら、ご機嫌な証拠です。元々は排泄の後に母猫にお尻を舐めてもらうため甘える、子猫の時の名残だそうです。

警戒中

しっぽを体に沿わせてぴったりくっつけているのは、警戒中のサインです。頭の先から尾の先まで緊張して、周囲を見張っています。

コワイ…

怖くて足がすくんでしまい、腰が落ちて、しっぽも股の間に入ってしまいます。小さく弱く見せて「私は弱いので攻撃しないでください」のサインです。

イライラ

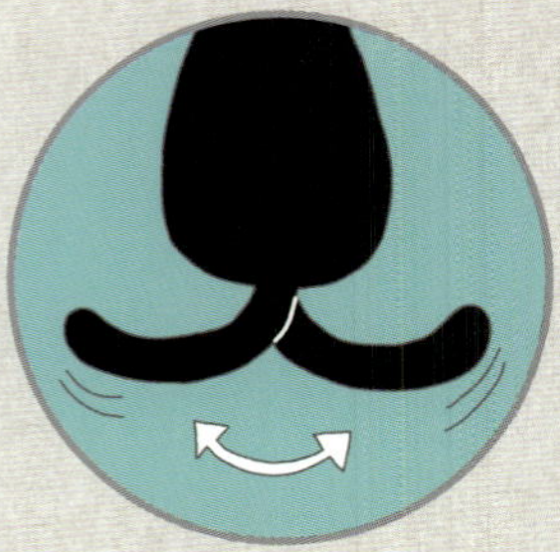

しっぽを根元から大きくブンブンと振っているのは、ご機嫌斜めな証拠。喜んでいる、と間違いやすいですが、この時にしつこくすると本気で怒られます。

間違いだらけの猫常識!?

猫は暑さに強い

イエネコの祖先はアフリカ発祥で暑さに強いと言われますが、猫も熱中症になります。不幸なことにならないように、目安として室温（外の気温ではないので注意!）が30度以上の日は冷房を入れましょう。

猫の目を見つめてはいけない

怒られている時や、知らない人から見られるのは怖いです。しかし、甘えたい時や何かを期待している時に「なあに?」とか「可愛いね」と言いながら視線を合わせてあげるのは喜んでくれます。

猫は呼んでも来ない

気持ちのいいマッサージをされている時や、ご飯を食べてご機嫌な時に名前を呼ぶのを繰り返すと、名前といい事を関連づけるようになります。そうなったら呼ぶと喜んで来るようになりますよ。

指先でこちょこちょくすぐられるのが好き

指先でくすぐるように触る人が多いですが、猫には不快で嫌われる原因に。肉球を触るのも、足の裏をくすぐられるのと同じ。猫が嫌がる触り方を続けると、触られる事自体を嫌いになってしまいます。

ポーカーフェイスの米子さんも、ボディランゲージを見ると何を考えているか分かります。
これを知っていれば、ますます猫さんとお近づきに!

耳&目編

興味

いつもより耳をぴんと上げ、興味のある方を向き、かすかな音も聞き逃さないようにしています。目もわずかに瞳孔が開きキラキラしています。

コワイ…

耳は傷つけられないように伏せ、防御の体勢になります。目は相手をよく観察するため瞳孔が大きくなり、可愛く見えますが怯えているので注意を!

ヒゲ編

リラックス

リラックスして口元の力が抜けているため、ヒゲも自然にだらりと下を向いています。このまま眠りに入ってしまう猫さんも多いですね。

期待

センサーの役割もあるヒゲを真っ直ぐ、前の方にのばしていたら、何かを期待している状態。ヒゲの根元の「ヒゲ袋」もぷっくりと膨らんでいます。

あなたの猫さん当たってる？

毛色別 性格診断

単色

平均的な優等生

当たりはずれが少ない、平均的な優等生タイプが多いです。
家族の中でも、これと決めた１人にしか懐かない場合が多く、一途に身も心も捧げますが、他の人には甘えたいけど甘えられない、もどかしい、不器用な一面も。優しい接し方を好むので、家の中では、子供より穏やかな大人に懐きがちです。
白系は警戒心が強くクール、黒系は空気が読める猫さんが多いです。

白黒

猫界の求道者

「白黒はっきりしている」と言われるように、究極の性格を持った猫さん。究極のビビり（米子さん）、究極の甘えん坊、究極の遊び好きなど、その道の１番を目指す職人気質。
しかし、究極のビビりでありながら究極の甘えん坊だったりと、隠れた二面性を持ち合わせている事も。どちらにしても、好き嫌いのはっきりしたさっぱりタイプ。首がなく、ずんぐりむっくりした体形が多いです。

猫は毛色によって性格が違うって本当？
人間の血液型性格診断のように、毛色別で性格診断をしてみました。

三毛

女子力 NO.1！

ほとんどメスしかいないという三毛さんは、女子力 NO 1！　嫌なものに対しては「嫌！」とガブリと噛みつくくらい、好き嫌いがはっきりしています。
嫉妬深いので、多頭飼いの場合は、ケンカが勃発するかも。
しかし母性も強く、自分は人間の子守をしていると思っているようで、人間が弱った時は一生懸命に介抱してくれます。女子力が高いだけに、いつも毛繕いをするきれい好きです。

茶トラ

永遠の少年の心を持つ

オスが多く、大人になると大きな体格になる猫さんが多いです。人見知りをしない性格で、温厚でとてもフレンドリー。自分から抱っこをせがむような甘えん坊さんですが、さみしがり屋な一面も持ち合わせています。
遊びが大好きで、やんちゃをする事も多いですが、実は少しビビりで繊細な心を持った、永遠の少年です。
良い方にも、悪い方にも一生懸命頑張る真面目な猫さんです。

おわりに

こんにちは。この本を読んでくださってありがとうございます。

このマンガを描き始めたきっかけですが、
保護猫である米子さんを引き取るにあたり、
譲渡元の「猫茶家」さんに半年間月１回、
写真やレポートを送る約束がありました。
来た当初の米子さんは「人間なんて信用しない」と
隠れたり怯えてばかりいたので
そんな写真を送ったらさぞ心配するでしょうから、
米子さんの様子をマンガのブログにして
レポート代わりに見てもらう事にしたのです。

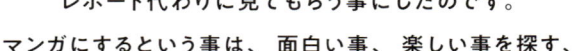

マンガにするという事は、面白い事、楽しい事を探す、
という行為なので、自然と米子さんのいい所が目に付くようになってきました。
悪い所はすぐ目に入り、いい所は見つけにくいものですが、
「いい所を探す」という習慣は毎日が格段に楽しくなる事を、
米子さんに気付かせてもらいました。

ビビりの猫がいるのも初めて知りました。
猫とは、当然抱っこできて、膝に乗ってくるものだと思っていた私は、
初めは落ち込んでばかりいましたが、慣れてくると、
米子さんが少しずつ心を開いてくるさまが愛おしくてたまりません。
うちに来てくれて本当にありがとう。

いつもブログを読んでくださっている皆様、
皆様の応援のお蔭で１冊の本にする事ができました。
この場をお借りして心より御礼申し上げます。
また、この本にかかわってくださった皆様に深く感謝いたします。

平成三十年三月　浜村ごはん